编委会

主　　任：孙占元
副 主 任：贾英健
编　　委：（按姓氏笔画为序）
　　　　　马永庆　王立新　王格芳　白如祥　吕本修　刘长明
　　　　　宋协娜　张　杰　张文珍　张传鹤　杜振吉　杨晓伟
　　　　　林学启　姜克俭　郝立忠　郝良华　郭金鸿　涂可国
　　　　　黄富峰　焦丽萍　谭　建　裴传永　魏恩政

编辑部

主　　编：贾英健
执行主编：陈　彬　王　超
主　　办：山东省伦理学与精神文明建设研究基地
　　　　　山东省伦理学与政德文化研究中心
地　　址：山东省济南市旅游路3888号综合楼828室
邮政编码：250103
电　　话：0531-87088159
电子信箱：lunliwenming@163.com

第5辑

伦理与文明

贾英健 ◎ 主编

ETHICS
AND
CIVILIZATION
VOL.5

社会科学文献出版社
SOCIAL SCIENCES ACADEMIC PRESS (CHINA)

伦理与文明（第5辑）
2017年4月出版

目　录

◆ 本刊特稿

隧道之光：史上三个半和谐盛世述论（下）
　　——一种基于和谐伦理维度的研究 …………………………… 刘长明 / 1

◆ 传统伦理与传统文化

人类伦理视域的义利之辨
　　——文化自信与道德建设的一个问题 ………………………… 任　丑 / 10
"居移气"
　　——人文化成及其界限 ………………………………………… 杨泽树 / 28
传统文化视域下中国绘画的意蕴及其走向 …………………… 李洪贞 / 40
苦心孤诣证自信
　　——晚清以来中国文化保守主义再检省 ……………………… 孙成竹 / 51
文化自信：对传统伦理道德的一个检视 ……………………… 董　冰 / 63

◆ 文化自信与文化建设

基于文化自信的纠偏正伦
　　——论中华文化传统价值的创造性转化与社会主义核心价值观的
　　　树立 …………………………………………………………… 尹同君 / 82

新时期我国社会价值观念变化及应对路径研究 …………… 梁齐伟 / 91
论文化霸权视域下的文化批判与重建
　　——葛兰西文化霸权理论的现代性思考 ………… 王　超 / 101
道德自信的生存论维度 ………………………… 张达玮　陆玉瑶 / 124
论文化自信的来源 …………………………………… 李丹蕾 / 137

◆ **公民道德建设**

和谐社会视域下儒家人文精神对道德建设的意义 ………… 徐亚州 / 150
弘扬优秀传统文化与提升公民道德素质
　　——关于"文化自信与道德建设"的一种思考 ……… 王鲁宁 / 158
理性公民的非理性维度 ……………………………… 高可荣 / 178
马克思生态伦理思想与中国生态文明建设 ………………… 黄　洁 / 186

◆ **调查研究**

在道德建设中提升文化自信
　　——山东省莱州市实施"4+1"思想道德建设工程的调查与
　　　思考 ………………………………………… 刘中兴 / 197
从离婚率的持续攀升论"家庭伦理道德"的重建
　　——以烟台市牟平区为例 ……………………… 高　娜 / 206

◆ **稿　约** ……………………………………………………… 218

◆ **Table of Contents & Abstracts** …………………………… 220

隧道之光：史上三个半和谐盛世述论（下）
——一种基于和谐伦理维度的研究

刘长明*

摘　要：一般说来，"三态"——心态、世态、生态是检验社会和谐与否及和谐状态的三个维度，这样，心和、人和、天和这"三和"在客观上就成为衡量和谐度的三个指标体系。依据以"三和"为核心的和谐度标准，可将迄今为止的社会形态划分为和谐社会、失衡社会和不确定社会。和谐社会，即我们通常所说的盛世，就是自我、人我、物我相对和谐的时期。和谐盛世，恰如历史隧道中的和谐之光，令人向往。以和谐伦理的维度回望历史，悠悠上下五千年，和谐盛世三个半：尧舜治世，神州风和，天人合意，开盛世先河；文景之治，道法自然，黄老思想一以贯之，70年盛世令人叹为观止；贞观之治，君明臣忠，安人静俗道一贯，遂成20多年盛世欢歌；半是辉煌、半是悲情的"康乾盛世"，恰如落日前的辉煌，盛世悲歌中埋下了乱世的种子，遂有"半个盛世"之谓。漫漫时空隧道中，洗尽的是铅华，留下的是和谐之珠——恒久闪光的盛世。

关键词：隧道之光　尧舜治世　文景之治　贞观之治　康乾盛世

一　半是辉煌、半是悲情的"康乾盛世"

清朝是中国历史上少数民族大一统政权最长的封建王朝，自清太祖努

---

*　刘长明（1963～），山东昌乐人，山东财经大学和谐发展研究中心主任、教授，主要从事和谐发展理论研究。

尔哈赤从明万历四十四年（1616）起兵到明崇祯十七年得国，龙兴辽东，三代人不懈努力终于以东北偏隅之地并吞海内，一统天下。从顺治入主中原（1644）到宣统退位（1912），中经10个皇帝，共268年。综括清政府君臣的论述，所谓"康乾盛世"（或称"康雍乾盛世"），起于康熙二十年（1681）三藩之乱平定，止于嘉庆元年（1796）川陕楚白莲教起义爆发，持续时间长达115年。在此期间，中国社会的各个方面都发生了诸多变化，改革措施推陈出新，综合国力不断增强，社会秩序渐趋稳定，经济商业快速发展，人口增长稳定迅速。康雍乾三帝也每每自诩为盛世，康熙还首开抹黑"盛世"者"斩立决"的先例，雍正上谕、朱批有近50处提及"当此太平盛世"之类的话语，乾隆时所编《八旬万寿盛典》更有70余处自命为"盛世"。清朝典籍中，有数不尽的对"盛世"的阿谀。一个时期以来，复又暗流涌动，对于"康乾盛世"的阵阵歌功颂德不绝于耳，令人疑窦丛生。

其实康雍乾时，在盛世局面下隐藏着巨大的危机，政治腐败与社会矛盾愈演愈烈，已有许多人以各种方式表达了对"康乾盛世"的强烈质疑，但慑于清政府的淫威，这种质疑声音被巧妙遮蔽，不过我们还是能够从中发现盛世"闹剧"之一二。后来，鲁迅先生严肃地提出，所谓"康乾盛世"是史料被大规模篡改的结果，是清朝奴隶文化下歌功颂德式的产物。

要准确评价康雍乾之世的历史地位，最重要的是把它放在历史的和世界的总坐标系中全面观察。无论是从历史上纵向看，还是从世界层面横向看，这个血雨腥风的王朝都既有繁华灿烂的一面，也有难当盛世之名之处。"盛世"表象下危机四伏，内有腐败透顶、暗流涌动，中有民变起义、风起云涌，外有列强环伺、虎视眈眈。康雍乾之世，恰似一座外表光鲜却矗立在流沙之上的大厦。这座社会大厦充满了辉煌，也暗藏野蛮、血腥。一半是辉煌、一半是悲凉的"康乾盛世"，那些值得炫耀的地方，也不过是落日辉煌。

康雍乾三帝皆重视发展农业生产，耕地面积有所增加。雍正二年，全国可耕地面积683万余顷，乾隆三十一年扩大到741万余顷。乾隆鼓励开荒，扩大种植面积，并要求北方向南方学习耕种技术。乌鲁木齐地广人稀，朝廷资助甘肃贫民前去垦种。以前贵州遍地桑树，但不养蚕纺织，朝廷便责成贵州地方官向外省招募养蚕纺织能手传授技术。

就手工业技术而言，也有了相当程度的提高，如广东的冶炼业、京西的采煤业、江南的纺织业、云南的铜矿业等都有了较快发展。手工劳动的分工进一步精细，如江苏松江棉布染色业作坊，按照产品种类分成蓝坊、红坊、漂色坊、杂色坊等。织布机也有一些改进和革新，如上海的纺纱脚车，可"一手三纱，以足运轮，人劳而工敏"。当时的棉布生产，无论数量或质量都比以前有很大的增长或提高。上海的"梭布，衣被天下，良贾多以此起家"。苏州的"益美字号"，因大家誉其"布美，用者竞市"，"一年消布，约以百万匹"，结果"十年富甲诸商，而布更遍行天下"，"二百年间，滇南漠北，无地不以益美为美也"。

人口剧增是康雍乾之世的一大亮点。明代全国人口稳定在 6000 万左右，在康熙时突破 1 亿大关，至乾隆后期又突破了 3 亿。人口增速加快，以致史家赵翼萌生了提倡晚婚晚育的想法，他在《米贵》诗中说道："勾践当年急生聚，令民早嫁早成婚。如今直欲禁婚嫁，始减年年孕育蕃。"从积极方面看，人口持续快速增长无疑是社会发展的标志之一。当时国家以 10 亿亩上下的耕地养活了占世界 30% 左右的人口。人口增长的主要原因是明末引进的番薯、玉米等高产作物在全国推广。

康熙五十一年上谕："盛世滋生人丁，永不加赋。"是年又宣布：自康熙五十年为始，三年内，全国地丁钱粮全免一次。乾隆帝效仿康熙帝的做法，从乾隆十一年到五十五年，相继四次普免全国钱粮赋税。此举值得肯定。客观地说，康雍乾之世的经济确有一定发展。但是，清朝统治者入主中原后，采取的野蛮的"圈地运动"等也在一定程度上破坏了全国的生产力。

清朝统治者入主北京后，为解决八旗官兵生计，遂下圈地之令。根据圈地令，旗人携绳骑马，大规模圈占汉人土地，导致"近畿土地，皆为八旗勋旧所圈，民无恒产，皆赖租种旗地为生……流民南窜，有父母夫妻同缢死者；有先投儿女于河而后自投者；有得钱数百，卖其子者；有刮树皮掘草根而食者；至于僵仆路旁，为乌鸢豺狼食者，又不知其几何矣"〔（清）昭梿：《啸亭杂录》卷七〕。圈地给汉族人民带来极大痛苦，原田主被逐出家门，背井离乡，因此纷纷起而反抗。迫于形势，康熙后来废止圈地令。1712 年清廷下诏的"永不加赋"，是在经历近 70 年投充、圈地等野蛮政策后迫不得已的所谓"仁政"。而且，"名为永不加赋，而耗羡、平余，犹在正供之外"（章太炎语）。

　　康雍乾之世的工业总产量其实不及明末万历年间。明朝时，松江棉纺织业相当发达，松江是明朝政府财政收入的主要来源地，有"苏松财赋半天下"之誉。松江的棉纺织业在清朝时开始退步。明朝无论是铁、造船等重工业及建筑业，还是丝绸、棉布、瓷器等轻工业，都遥遥领先于世界，工业产量占世界的 2/3 以上，比农业产量占世界的比例还要高，而康雍乾之世虽然人口数倍于明朝，然而铁和布匹这两项指标性的工业产品总产量始终未达到明末的水平。到康雍乾之世末期，中国工业产量仅为世界的 1/10 左右，无论是总产量还是在世界所占比例，都不及 200 年前的明末。明末西方传教士还在赞扬中国物产之丰富，物质生产能力远胜欧洲，声称"大明人""衣饰华美，风度翩翩"。1636 年，从中国返回欧洲的曾德昭记载的那个"相当的富裕繁荣，在各方面都令人赞叹"的明朝已经于 1644 年灭亡了，取而代之的是号称"盛世"实则暗藏危机的康雍乾之世。英国特使马戛尔尼在乾隆时期的出使日记中记载："自从北方或满洲鞑靼征服以来，至少在过去 150 年里，没有改善，没有前进，或者更确切地说反而倒退了；当我们每天都在艺术和科学领域前进时，他们实际上正在变成半野蛮人。"在马戛尔尼眼中，"康乾盛世"也只是"一艘破烂不堪的巨大船舰"，他形容清政府"不过是一个泥足巨人，只要轻轻一抵就可以把他打倒在地"。

　　康雍乾之世，虽然小有成就，但并不能掩盖清朝腐朽落后日薄西山的本质。盛名之下，其实难副。一位无名氏在《中国积弱溯源论》中非常大胆地拷问："我国之所以积弱，实滥觞于乾隆之晚际"，"清之积弱以迄午亡，实自乾隆间隐拨其根本矣"。可能是文字狱的缘故，作者隐去了姓名。吴歌的《啸亭杂录》详细地记录了有关清朝宗室淫虐无度、欺压黎民，整个国家政以贿成、官以资进、朝纲败坏、民不聊生的空前"盛况"。马克思把康雍乾之世称为"奇异的悲歌"："一个人口几乎占人类三分之一的大帝国，不顾时势，安于现状，人为地隔绝于世并因此竭力以天朝尽善尽美的幻想自欺。这样一个帝国注定最后要在一场殊死的决斗中被打垮：在这场决斗中，陈腐世界的代表是激于道义，而最现代的社会的代表却是为了获得贱买贵卖的特权——这真是任何诗人想也不敢想的一种奇异的对联式悲歌。"① 亚当·斯密认为中国社会似乎"停滞于静止状态"了。德国哲学家赫尔德在1787年出版的《关于人类历史哲学的思想》中，认为这个帝国的"体内血液循环已经停止，犹如冬眠的动物一般"。

二 盛世启示录

在波澜壮阔的五千年华夏文明盛衰史上，看似缭乱无序的背后，其实都有内在的规律。纵览中华民族五千年的风云画卷，三个半和谐盛世的成功经验在诸多方面存在惊人的相似，衰世或乱世的教训也如出一辙。盘点三个半和谐盛世，之所以为后人所讴歌、所向往，就在于其间国家充满阳刚之气、社会充满勃勃生机、民众充满无限希望、历史充满巨人机遇。

1. 刚柔兼济，和谐发展

刚与柔，不可废其一。《易》曰："天行健，君子以自强不息。地势坤，君子以厚德载物。"即在提倡刚健中正的同时，主张柔顺宽厚，做到刚柔并济、动静有时、外圆内方。唯其如此，才是家国君子的上乘境界。乾道刚健有为、自强不息的精神与坤道柔顺宽厚、博大宽广的精神相互补充、相辅相成，形成中华民族特有的刚柔并济、进退有度的民族精神。文武之道，一张一弛，刚柔相济，该出手时决不手软，该收敛时决不轻言用兵，文事与武备和谐发展，实乃盛世之要。尧舜治世、文景之治、贞观之治皆得此要，遂成盛世。

大凡衰世或乱世，无不是扬刚废柔或扬柔抑刚。其中，以阴盛阳衰为祸中华尤甚。我们的追求究竟是强大还是肥大？是繁华还是浮华？是狮子还是肥猪？对这些严肃问题的选择，关乎国之存亡。国肥气短，注定被动挨打。为什么会有"十四万人齐解甲，更无一个是男儿"的耻辱？气短使然也！阴盛阳衰后，曾经刚健的中国一步步走上了一条不归路，中华民族

---

① 《马克思恩格斯选集》第一卷，人民出版社，1995，第716页。

为"软弱就要挨打"的铁律写下了绝好的注脚。历史没有沿着"落后就要挨打"的逻辑运行,而是一再诠释了"腐败+疲软=挨打"的必然逻辑。GDP 只是衡量盛世与否的指标之一,绝不是唯一指标,甚至不是最重要指标。宋朝的经济总量占世界的 1/3 强,科学技术遥遥领先于世界,然屡屡挨打,有"弱宋"之称。宋王朝花钱买和平,开创了中国历史上抱残守缺的懦夫思想,不但在思想上"独尊儒术",而且在用人政策上重文轻武。汉唐以来的尚武风气,以及中国军人那种敢于消灭任何来犯之敌的雄风,从此消失。汉唐时期激越高亢的民族精神、气吞山河的磅礴气势在宋朝却变成了逢战即败、不战即降、处处挨打的萎靡不振之势,而且这种颓废之势影响着后世。鸦片战争前的晚清,经济总量占世界的 1/3,却也免不了屈辱挨打的命运;腐朽清政府"绝不给对方以口实"的避战政策,葬送了强大的位列世界第四的北洋水师;1931 年,驻扎在我国东北的 2 万日本关东军攻击拥有 20 万之众的东北军,挑起了"九·一八事变",东北军在"不抵抗"的严令之下,不战而退,3 个月便丢失了东北。我们的软弱给了强盗足够的勇气。历史的经验一再证明,崇阴柔而抑刚健的颓势国策,必定招致无穷祸患。你若怕鬼,鬼就偏偏登门造访。不怕鬼的人永远不会遇到鬼,不惧怕战争的民族才会享有和平。

对外能用雷霆手段者,对内必怀菩萨心肠,反之亦然。作为对外软弱无能的双行线,对内就是专制统治。历史的刚柔逻辑,屡试不爽。

2. 为政以道,天下归心

为政以道,譬如天籁,琴未鸣而万民和之。尧舜治世、文景之治、贞观之治的为政之道均在于此。

义利和谐之道。义在利先,为政者须秉承先义后利、义利和谐之道。《荀子·大略》说:"义胜利者为治世,利克义者为乱世。"亘古义利之辨及其实践告诉我们:但凡谨遵先义后利、以义统利、以义取利者,可成治世或盛世;但凡先利后义、以利制义、见利忘义者,必祸乱家国。一个人人逐利的时代,妄谈什么盛世,徒留历史笑柄。如果仅把发财致富定位为国家的目标,将遗祸无穷。

无为而治之道。老子曰:"治大国若烹小鲜。"(《老子》第 60 章)道家提倡"无为",实则"无不为"。"为无为而无不治"的辨证施治法则,强调的是按客观规律办事，清简政事。道家无为是一种积极的、为了大为的"无为"。可以把这一原理根据辩证法分成三个阶段：有为—无为—无不为。雕虫小技之智慧和欲望是导致祸乱的根本，因而，老子主张无知无欲，故曰："大道废，有仁义；智慧出，有大伪。"（《老子》第18章）"人"与"为"合在一起就是"伪"。要去伪就要"返璞归真"，与自然合道。

师法自然之道。人居天地间，当以天地之道为师。黄老之学的根基是"道"，从道出发，认为道的自然本性是"人法地，地法天，天法道，道法自然"（《老子》第25章）。合道而行，则天兴地育，高天佑之；背道而驰，则天诛地灭，天地不助。

损有利无之道。老子认识到："天之道，损有余而补不足；人之道则不然，损不足以奉有余。"（《老子》第77章）人之道逆天道而动，则不会久远。因此，他告诫"有道者"要"有余以奉天下"，与天道和谐。这与共产党主张的"打土豪分田地"所见略同。天道有意，既不多造，也不错造："夫天亦有所分予，予之齿者去其角，傅其翼者两其足，是所受大者不得取小也。古之所予禄者，不食于力，不动于末，是亦受大者不得小，与天同意者也。夫已受大，又取小，天不能足，而况人乎！此民之所以嚣嚣苦不足也。"（《汉书·董仲舒传》）秉持损有利无之道，方能为盛世奠基。

道在德先，为德之本。有道斯有德，舍道则无德。离道而求德，如缘木以求鱼。"黄钟毁弃，瓦釜雷鸣"的历史悲剧皆由离经叛道而起。回归道根，实乃盛世之应有之义。胸怀黄老之道，鸣起我们心灵的道德之音，无为的天籁足以使远人归来，天下归心，达致琴不鸣而治。

3. 大道至简，国策一贯

大道从简，至道不繁，是故至人无为，大圣不作。《老子》曰："少则得，多则惑。是以圣人抱一为天下式。"（《老子》第22章）繁杂无绪，皆为道末，令人不得要领。所以应该"去甚，去奢，去泰"（《老子》第29章），意即去掉那些极端的、奢侈的和过分的东西，否则，就会被纷繁复杂的表象遮蔽双眼。

刘邦入关，仅"约法三章"："杀人者死，伤人及盗抵罪，余悉除去秦法。"(《史记·高祖本纪》)我们今日虽不知秦法是如何的苛暴,但从"悉除去秦法"可知,刘邦这一做法顺应了民心,开汉初大道至简的黄老政治之先河。后来,萧何定律,仅九章耳!唐李渊初定京师,亦效仿汉高祖,"与民约法十二条,悉除隋苛禁"(《资治通鉴》卷 184),行简约政治。

保持简约国策的一贯性、连续性,是盛世的基本条件。尧舜治世、文景之治、贞观之治中,治国者如履薄冰,大政方针皆一以贯之。《易》曰:"《革》,去故也,《鼎》,取新也。"(《周易·杂卦传》)整个《革》卦的卦爻辞,反映的是严肃而审慎的社会变革思想,寓意深刻。"变则通,通则久",但并不是所有的"变"都能"通","变"的结果可能是"通",也可能是"塞"。背离"变"的规律,好大喜功,为变而变,朝令夕改,政令烦苛,整天折腾来折腾去,必然误入歧途,祸乱家国。我们需要的是顺乎天而应乎人的革故鼎新,而不是打压弱势群体的折腾。

删繁就简三秋树,标新立异二月花。盛世之道,和谐从简而已矣。是谨遵道法自然的为人民服务大道,还是一味折腾来折腾去,事关中国之命运!

历史隧道中,氤氲化生,吐故纳新,时光如流水,洗尽的是铅华,洗不尽的是盛世辉光。盛世已矣,光芒犹在。说不尽的尧舜治世、文景之治和贞观之治,像历史的启明星一样,永远照耀着我们的夜行之路。前方时空隧道中,是光芒万丈的和谐之珠、盛世的高级形态——共产主义社会。比照心和、人和、天和的"三和"标准,营造良好的心态、世态、生态,是建设共产主义初级阶段社会主义和谐社会的重要切入点。提出建设社会主义和谐社会的任务,只是回归和谐的第一步。毛泽东在《关心群众生活,注意工作方法》指出:"我们不但要提出任务,而且要解决完成任务的方法问题。我们的任务是过河,但是没有桥或没有船就不能过。不解决桥或船的问题,过河就是一句空话。不解决方法问题,任务也只是瞎说一顿。"为了建设理想的和谐盛世,应回归和谐发展之道、义利和谐之道、无为而治之道、师法自然之道、损有利无之道、人民为本之道、为民服务之道。历史的经验告诉我们,为政以道,以道制器,才是治世之本。沿着和谐发展的方向,秉承人民为本的法则,奏响大道自然的天籁,和谐的盛世还会远吗?和谐的心灵界、社会界和自然界就像未来时间隧道之中的亮光,我们每前进一步,和谐也向我们走近一步。"三态"和谐的盛世之光正在通向未来的隧道中闪烁,坐而论道不如起而行之,我们还犹豫什么呢!

(责任编辑:郭锡超)

人类伦理视域的义利之辨
——文化自信与道德建设的一个问题

任 丑[*]

摘　要： 文化自信与道德建设是涉及诸多核心问题的系统工程，从人类伦理视域反思中国传统义利之辨是这个系统工程必不可少的问题之一。从人类伦理视域来看，中国传统义利之辨的基本伦理精神是以君主为目的、以臣民为工具的。为此，义利之辨既要假借家国同一之名来实现家天下，又要使君主凌驾于臣民之上而具有绝对权威。前者需要分析命题以便混淆家国之别，后者需要综合命题严格区分君主和臣民以便论证君主的神圣权威。分析命题和综合命题之间的内在矛盾把义利之辨最终推向绝境。这就意味着，作为古典经验伦理学形态的义利之辨的终结，同时也预示着现代理论伦理形态的义利之辨即义利之辨的先天综合判断的发端。义利之辨扬弃其分析判断与综合判断，把自身提升到先天综合判断，实现由自然暴力为基础的自然法则向自由人性为基础的自由法则的历史转变，也在某种程度上综合并超越现代理论伦理形态的功利论和义务论，为追寻当下人类道德视域的伦理体系提供了某种理论思路。或许，这一思路也是文化自信与道德建设系统工程的一个要素。

关键词： 人类伦理视域　义利之辨　分析命题　综合命题

一　引言

文化自信与道德建设是涉及诸多核心问题的系统工程，从人类伦理视

---

[*] 任丑（1969～），河南驻马店人，哲学博士，西南大学哲学系教授、博士生导师，主要研究方向是伦理学和西方道德哲学。

域反思中国传统义利之辨是这个系统工程必不可少的问题之一。中国传统伦理思想是人类伦理思想的重要理论资源,义利之辨是中国传统伦理思想的核心问题。如程颢所说,"天下之事,惟义利而已"(《河南程氏遗书》卷十一)。在人类面临种种道德冲突和伦理问题的当下,从人类伦理学视域反思中国传统义利之辨,既是文化自信与道德建设的使命之一,又是中国伦理学重构和人类伦理学的实践需求。

首要的问题是:在人类伦理学的演进轨迹中,中国传统的义利之辨和中国传统伦理学处在何种地位?

从人类伦理史的视域看,伦理学的演进轨迹可以大致概括为古典经验伦理学、中现代理论伦理学、当代应用伦理学。古典经验伦理学的一个重要标志是没有形成独立的伦理学体系。在传统生活方式中,人们相对缺乏反思事物的能力和批判精神,"神"或君主之类的绝对权威预定和控制着人类的整个生活方式。人的自由意志仅仅是从正确之中选择错误的自由(即违背绝对权威命令,脱离绝对权威所设定的生活方式)。人的正确行为意味着避免选择,即遵循由绝对权威设定的惯例化生活方式。人的自由意志和行为方式受到教会或皇权之类的总体性权威的全面钳制。各种习俗或道德规范,如三纲五常、信仰、爱上帝、希望等本质上是扼杀自由的锁链。砸碎这种锁链的标志性思想运动是文艺复兴。文艺复兴脱离了神学绝对权威的"整体性标准"的控制,致使传统的各种习俗、规范、价值和标准处于分崩离析的境地。人们从神的总体性虚幻中踏入世俗化的现代社会,社会生活在"整体性标准"的碎片中寻求一种可以依赖的普遍道德价值体系。古典经验伦理学在此过程中开始了向现代理论伦理学的艰难蜕变。现代理论伦理话语肇始于哲学家的反思精神与批判意识的日益觉醒和逐步成熟。哲学家认为人类绝不能祈求和依赖传统的形而上学和神话宗教等人类理性之外的力量(康德称为他律)作为禁锢自由的绝对权威,应当依靠实践理性或道德理性构建人类行为的道德规范(康德称为自律)。基于此,现代理论伦理学家试图探寻一种新的世俗标准,自觉扮演"立法者"角色。康德提出了著名的人为自然立法、人为自我立法的道德形而上学的义务论,边沁、密尔则建构了追求最大多数人的最大幸福的功利主义伦理体系。正因如此,康德的义务论和边沁、密尔的功利论成为现代理论伦理学的经典范式。换言之，现代理论伦理学本质上就是义务论和功利论重叠交织的演进过程。义务论和功利论的颉颃其实就是现代理论伦理视域的义利之辨。现代理论伦理学经过元伦理学（元伦理学是现代理论伦理学自我批判的一个理论环节）的洗礼，于20世纪70年代前后进入当代应用伦理学的新领域。

那么，中国传统的义利之辨和中国传统伦理学处在何种位置呢？通常认为，伦理学是中国学术文化的核心，儒家的《论语》是中国伦理学形成的标志。[①] 在中国古代，伦理学是同政治、军事、经济、农业、中医等紧密结合、融为一体的。先秦时代的一切学术思想都笼统地称为"学"。宋代有了"义理之学"的名称。义理之学主要由三部分构成：道体（天道）、人道（人伦道德）和为学之方（治学方法）。其中，人道部分属于伦理学范畴。蔡元培先生在《中国伦理学史》中分析说，中国伦理学范围宽广，貌似一种发达学术，"然以范围太广，而我国伦理学者之著述，多杂糅他科学说。其尤甚者为哲学及政治学。欲得一纯粹伦理学之著作，殆不可得"。[②] 是故，"我国既未有纯粹之伦理学，因而无纯粹之伦理学史"。[③] 这就是我们不得不正视的一个问题：中国传统伦理思想并没有真正形成一种专业的伦理学学科或道德哲学体系。这大概可以作为对中国伦理学的一个基本定性——它属于古典经验伦理学范畴。与此相应，中国传统义利之辨既没有形成以"最大多数人的最大幸福"为道德法则的功利论，也没有形成以"人为目的"为绝对命令的义务论，而是笼统地把功利与道义贯穿于义利之辨的无休无止的经验偶然性争论之中。可见，中国义利之辨属于古典经验伦理学范畴（为简洁起见，如无特别说明，本文把"中国传统的义利之辨"简称为"义利之辨"）。那么，从人类伦理视域来看，何为义利之辨？义利之辨如何获得新生？

就其本质而论，义利之辨中的义与利被设想为必然结合着的两方，以

---

① 这一观点值得商榷。《论语》是语录汇编，内容庞杂，其中涉及伦理问题的部分只是训诫式的道德说教。这些道德说教既缺乏严密的逻辑论证，又缺少构建伦理学学科的意识，更遑论伦理学学科应有的批判精神和自由气质。
② 蔡元培：《中国伦理学史》，东方出版社，1996，第2页。
③ 蔡元培：《中国伦理学史》，东方出版社，1996，第2~3页。

至于一方如果没有另一方也归属于它，就不能被义利之辨所采纳。这种结合本质上是一种判断或命题。在一切判断中，从其主词对谓词的关系来考虑，这种关系可能有两种不同的类型：一种是分析判断，另一种是综合判断。① 义利之辨和其他判断一样，要么是分析的，要么是综合的。因此，义利之辨有两种基本模式：一种是分析判断，主张义即利，义利是同一范畴；另一种是综合判断，主张义是行为法则，利是个人私利，义利是对立的范畴。康德认为，分析判断和综合判断各有优劣，其出路在于先天综合判断。② 由此看来，义利之辨的两种基本模式潜藏着其可能的出路——义利之辨的先天综合判断。

二 义利同一的分析判断

康德认为，在分析判断中，谓词 B 属于主词 A，B 是隐蔽地包含在 A 这个概念中的概念。谓词和主词的联结是从同一性角度来思考的。分析判断的谓词并未给主词概念增加任何内涵，只是把主词概念分解为它的分概念，这些分概念在主词中已经（虽然是模糊地）被想到了。因此，一切分析判断都是先天的，它是一种说明性判断，可以澄清概念，具有必然性，但并不能增加新的知识。③ 义利之辨的分析判断的基本形式是：义即利。义利是同一范畴，其遵循的逻辑规律是同一律：A 是 A。义利同一的分析判断（为简洁起见，如无特别说明，后文一律表述为"分析判断"）表面上是公私不分，其真实意图是以私代公，故必然导致损公害私的严重后果。

（一）分析判断的本质是公私不分

从形式上看，义利同一的分析判断可以简单地表述为"义，利也"（《墨子·经上》）或"仁义未尝不利"（《河南程氏遗书》卷十九）。对于国家而言，"国不以利为利，以义为利也"（《大学》第十一章）。对于个体（主要是圣人）来讲，"圣人以义为利，义安处便是为利"（《河南程氏遗书》卷十六）。如果分析判断遵循同一律，即义是利（A 是 A），那么该

---

① 〔德〕康德：《纯粹理性判断》，邓晓芒译，人民出版社，2004，第 8 页。
② 〔德〕康德：《纯粹理性判断》，邓晓芒译，人民出版社，2004，第 10～11 页。
③ 〔德〕康德：《纯粹理性判断》，邓晓芒译，人民出版社，2004，第 8 页。

判断就可能如黑格尔所说，在 A 是 A 这里，"一切都是一"，"就像人们通常所说的一切牛在黑夜里都是黑的那个黑夜一样"。① 这样，义利冲突就不会存在，义利之辨也失去其必要性。或者说，义利之辨的使命就完成了。事实并非如此，义利同一潜藏着公私混淆或公私不分的玄机。这就要求进一步追问义利的真实含义及其联结的根据。

何为义利？程颐一语道破天机："义与利只是个公与私也。"（《河南程氏遗书》卷十七）义包括公义和私义，利包括公利和私利。私义的实质是臣民的私利或私心，"必行其私，信于朋友，不可为赏劝，不可为罚沮，人臣之私义也。……污行从欲，安身利家，人臣之私心也"（《韩非子·饰邪》）。公义表面上是君主、臣民的公正，"夫令必行，禁必止，人主之公义也；……修身洁白而行公行正，居官无私，人臣之公义也"（《韩非子·饰邪》）。究其实质，公义和公利是君主个人的私利和私义。墨子说："仁人之所以为事者，必兴天下之利，除去天下之害，以此为事者也。"（《墨子·兼爱中》）仁人就是国君，"国君者，国之仁人也。国君发政国之百姓，言曰：'闻善而不善，必以告天子。天子之所是，皆是之；天子之所非，皆非之。去若不善言，学天子之善言；去若不善行，学天子之善行。'则天下何说以乱哉？察天下之所以治者何也？天子唯能壹同天下之义，是以天下治也"（《墨子·尚同上》）。君主一人之利即天下大义或公义，由此衍生出一系列行为规范："为人君必惠，为人臣必忠；为人父必慈，为人子必孝，为人兄必友，为人弟必悌。故君子莫若欲为惠君、忠臣、慈父、孝子、友兄、悌弟，当若兼之，不可不行也。此圣王之道，而万民之大利也。"（《墨子·兼爱下》）追逐圣王个人私利的圣王之道被冒充为"万民之大利"，臣民的公义也就转化为摒弃个人私心私利以便绝对维系君主的私心私利。这就把公私完全混为一谈。或者说，把君主一人的私利和私义混同于公义和公利。

既然义、利的含义都是公利，那么，"义，利也"的真实含义是：（1）义是指公义，利是指公利。所以，公利才是公义，或者公义才是公利。义利之辨的分析判断实际上是说："公义是公利"。可见，分析判断的

---

① 〔德〕黑格尔：《精神现象学》上卷，贺麟、王玖兴译，商务印书馆，1997，第 10 页。

义和利把私利和私义排除了。这是典型的违背同一律的偷换概念。这种逻辑错误遮蔽着分析判断的真实意图。（2）臣民的私义（私利）不是君主的公义（公利），即不是分析命题所说的"义利"。（3）私利（私义）要么被排除被否定，要么只能听命于公义或公利，即"循公灭私"或"开公利而塞私门"。由于公义（公利）实际上是君主一人的私利，而私义和私利则是臣民的私利。私利（私义）的正当性被公义（公利）遮蔽了。分析命题以私代公的真实意图也就暴露无遗了。

（二）公私不分的真实意图是以私代公

分析命题所说的私利是与君主利益相对的臣民利益，是最大多数人的最大利益。与此相应，分析命题所说的公利并不是最大多数人的最大利益，更不是所有人的福祉，而是君主的一己之私利。如黄宗羲所言，君主"以我之大私为天下之大公"（《明夷待访录·原君》）。可见，公义和公利是君主私利，私利和私义是臣民百姓的利益。公私不分的真实意图是以君主之大私取代天下之大公。

为达此目的，首先要严格区分君主利益（公利）和臣民利益（私利）："明主之道，必明于公私之分，明法制，去私恩。"（《韩非子·饰邪》）韩非子解释说："古者仓颉之作书也，自环者谓之私，背私谓之公，公私之相背也，乃仓颉固以知之矣。"（《韩非子·五蠹》）然后，以公私之别为前提，再把君主私利冠以天下公义功利之名。这就触及了关键问题：如何处理公义公利与私义私利之间的关系？在天下之公义公利的崇高目标之下，"私义行则乱，公义行则治"（《韩非子·饰邪》），故必须遏制私利私义，秉持"循公灭私"（《李觏集·卷第二十七·上富舍人书》）或"开公利而塞私门"（《商君书·壹言》）的行为法则。"私门"就是所谓的私利，"开公利而塞私门"就是以公利公义作为行为根据，进而否定乃至剥夺私义私利。公利公义的根据则是所谓的明君圣主，"明主在上，则人臣去私心、行公义；乱主在上，则人臣去公义、行私心"（《韩非子·饰邪》）。公利（公义）高于私利（私义）的目的是"致霸王之功"（《韩非子·奸劫弑臣》）。韩非说："凡治天下，必因人情。人情者，有好恶，故赏罚可用，赏罚可用，则禁令可立，而治道具矣。"（《韩非子·八经》）什么是"人情"？韩非说："夫安利者就之，危害者去之，此人之情也。"（《韩非子·奸劫弑臣》）绝大多数臣民的私利私义乃至身家性命都附属于君主一人的私利私义，而且成为与整个专制制度不相容的不义甚至大恶。换言之，义利同一的分析命题的追求价值是：一人（君主或帝王）的最大利益是行为法则和伦理目的，最大多数人（臣民）的最大利益则是实现君主利益的微不足道的工具。当一个人（君主或帝王）的最大利益甚至最小利益与最大多数人（臣民）的最大利益发生冲突时，后者听命于前者。或者说，"循公灭私"或"开公利而塞私门"的目的是：牺牲最大多数人的最大利益，以维护最少数人的最大利益甚至最小利益。这是为了一个人自由而剥夺绝大多数人自由的功利论。它只追求依赖暴力维系君主个人的功利幸福，根本没有意识到每一个人的平等独立人格、自由思想和私有财产权的神圣性，也不可能从法治的角度反思这些问题。它导致的必然是一个人和最大多数人之间的寇仇状态：君主残酷屠杀臣民，臣民向君主复仇的血腥循环。如此一来，以私代公的后果必然是以虚假的私损害真正的私，同时也必然损害真正的公。

（三）以私代公的后果是损公害私

在义即利的分析命题中，私利虽然是"不义"，但私利又是合乎人性的，人们不可能不追求这种"不义"。黄宗羲说："有生之初，人各自私也，人各自利也。天下有公利而莫或兴之，有公害而莫或除之。"（《明夷待访录·原君》）在朝令夕改、随心所欲的皇权意志的人治之下，臣民的私人财产权和生命权得不到法律制度的有效保障，臣民利益乃至身家性命随时随地都有可能被皇权剥夺。马克思曾说："一切人类生存的第一个前提，也就是一切历史的第一个前提，这个前提是：人们为了能够'创造历史'，必须能够生活。"[①] 人要生存，就要有自己私人的生活资料。由于个人私利得不到道义舆论和法律制度的认同和支持，在巨大的生存压力和严酷的皇权钳制下，人们不得不在满口仁义道德的掩盖下追逐私利，甚至急功近利、不择手段地疯狂敛财。这就造成了皇权私利和臣民私利的内在矛盾和殊死博弈。皇帝和臣民个人私利间的明争暗斗遵循的是暴力的自然法则，结果是任何人（包括皇帝）的私利都得不到保障，都可以被暴力侵害

---

① 《马克思恩格斯选集》第一卷，人民出版社，2012，第158页。

剥夺。这就必然造成对真正的公利的损害。

事实上，只有通过遵循自由规律的合法程序，才能明确并保障合法正当的公利和私利。没有公利保证的私利不是真正的私利，而是虚假的私利。反之亦然，没有私利支撑的所谓公利是虚假的公利，至多是暴力冒名的公利（实质是私利）。一个只有虚假公利的地方，只能存有虚假的私利，不可能存在真正的私利。虽然分析命题中的君主私利拥有公利的遮羞布，但是它只能依靠暴力维系其私利，不可能得到臣民内心的真正认同和支持。一旦力量失衡乃至改朝换代，君主私利甚至身家性命同样会被暴力剥夺。利益冲突本质上只是在私利之间发生，真正的公利被相互残害的私利完全遮蔽了。这只不过是自然状态中人对人的豺狼般的动物性资源争夺，其遵循的弱肉强食的自然法则否定并践踏了人类自由的伦理法则。是故，"循公灭私"或"开公利而塞私门"必然导致害私损公的严重恶果，这也是义利之辨的分析判断的必然宿命。

问题是，义利之辨的分析判断的根源何在？毋庸讳言，义利之辨的分析判断深深植根于家国不分、家国同构的中国伦理传统。中国（和东方）数千年的文明史贯穿着父权制，这体现为伦理上的移孝作忠以及政治上的移家作国、以孝治天下的治国根本方略。黑格尔分析说，中国传统的家庭关系渗透于国家之中，"中国纯粹建筑在这一种道德的结合上，国家的特性便是客观的'家庭孝敬'。中国人把自己看作是属于他们家庭的，而同时又是国家的儿女。在家庭之内，他们不是人格，因为他们在里面生活的那个团结的单位，乃是血统关系和天然义务。在国家之内，他们一样缺少独立的人格；因为国家内大家长的关系最为显著，皇帝犹如严父，为政府的基础，治理国家的一切部门"[①]。支撑这一家国同构的父权专制制度是以自然血缘原则为本位的封建公有制。关于这一点，马克思和恩格斯在论及东方亚细亚社会时有过深刻的批判。恩格斯在1876年为《反杜林论》所写的准备材料中也指出，"东方的专制制度是基于公有制"[②]。马克思说："在印度和中国，小农业和家庭工业的统一形成了生产方式的广阔基础。"[③]

---

① 〔德〕黑格尔：《历史哲学》，王造时译，上海书店出版社，2001，第122页。
② 《马克思恩格斯全集》第二十六卷，人民出版社，2014，第371页。
③ 《马克思恩格斯全集》第四十六卷，人民出版社，2003，第372页。

"在这里，国家就是最高的地主。在这里，主权就是在全国范围内集中的土地所有权。但因此在这种情况下也就没有私有土地的所有权，虽然存在着对土地的私人的和共同的占有权和用益权。"① 支撑封建公有制大统一的是君权至上和权力本位的专制制度。君权高于一切，也高于金钱甚至生命。君权至上和权力本位必然要求一人独尊的父权政府。在康德看来，父权政府"是所有政府中最专制的，它对待公民仅仅就像对待孩子一样"②。中国的皇帝、皇后分别是国父、国母，官吏是百姓的父母官。他们金口玉言，以百姓的权威和父母自居，视百姓如无知孩童，根本不把百姓当作独立的、自由的个体，不但不尊重其人格尊严，甚至随心所欲地任意处置其身家性命。实际上，由于缺乏自我意识和自我反思能力及合人性的法律制度的保障，君主也没有自由的思想和独立的人格尊严。封建王朝史无非是一部分人和另一部分人喋血争夺君位和权力、争当国父皇帝或父母官的历史闹剧的一幕幕重演，个人尊严则被淹没在皇权和权力之下。这种家国同构的父权政府的实质是公私不分、以私代公的家天下，其结果必然是君主之私利和绝大多数臣民私利的相互损害，真正的国家公利却在臣民私利和皇帝私利的无休止的争斗中荡然无存。

严格说来，分析判断既然主张义即是利，就应该遵循同一律，在义即是利的前提下，从义中分析出利来，或者说利是义的应有之义。可是，分析判断首先把义利区分为公义公利（君主利益）与私义私利（臣民利益），然后否定了私义私利的正当性，只承认公义公利的正当性。是故，它违背了同一律（A 是 A）和分析判断的要求：把义利偷换为公义公利，把"义即利"偷换为"公义即公利"。显而易见，"公义即公利"不是从义（公义私义）中推出利（公利私利），而是排除了私义私利，仅仅肯定公义即公利。其目的是把公义公利（君主利益）作为私义私利（臣民利益）存在的目的，进而要求臣民利益绝对服从君主利益。为此，分析判断推崇以暴力为后盾的自然法则：绝大多数人的利益屈从于君主个人的最大利益甚至最小利益。其结果只能导致公义公利与私义私利（本质上是利益与利益或

---

① 《马克思恩格斯全集》第四十六卷，人民出版社，2003，第 894 页。
② 〔德〕康德：《法的形而上学原理——权利的科学》，沈叔平译，商务印书馆，1991，第 143 页。

私利与私利)的尖锐矛盾冲突。利益之间的这种矛盾冲突内在地呼唤超越于暴力和利益之上的价值范畴的义(而非"等同于利益的义")的出场。这已经超出义利同一的分析判断的限度，触及义利有别的综合判断。或者说，义利之辨的分析判断潜藏着其综合判断的内在因素。

三 义利对立的综合判断

康德认为，在综合判断中，谓词 B 完全外在于主词 A，谓词和主词的联结不是通过同一性来思考的。综合判断在主词概念 A 上增加了谓词 B，这个谓词 B 是在主词概念 A 中完全不曾想到过的，是不能由对主词概念 A 的任何分析抽绎出来的，因此它是一种可以拓展知识的判断。① 义利的结合如果是综合的，它就必须被综合地设想，也就是"被设想为原因和结果的联结：因为它涉及到一种实践的善，亦即通过行动而可能的东西"。② 它是在遵循矛盾律（A 不是 A）的前提下进行的判断。所以，义利之辨的综合判断（如无特别说明，下文一律简称为"综合判断"）要求：义利是互不包含、相互对立的范畴（义不是利），义是行为法则，利则是应当摒弃的恶（非义）。或者说：义是使利成为应当摒弃或排除的恶的原因和根据。综合命题秉持重义非利的基本理念，在确立义的神圣地位以遮蔽利的正当诉求的进程中，带来义利俱灭的严重后果。

（一）确立义的神圣地位

综合判断秉持义不是利的基本原则，主张义利对立，"大凡出义则入利，出利则入义"（《河南程氏遗书》卷十一）。在此前提下，其首要使命是确定义与利何者优先，它选择的是义优先于利。出于这样的思维逻辑，义利对立的综合判断首先必须论证义的绝对性、普遍性，以便确立义的神圣性。

义首先经历了由偶然经验的义到先天普遍的义的论证过程。荀子认为，义源自先王君子，"君子者，治之原也。官人守数，君子养原；原清则流清，原浊则流浊。故上好礼义，尚贤使能，无贪利之心，则下亦将綦

---

① 〔德〕康德：《纯粹理性判断》，邓晓芒译，人民出版社，2004，第 8 页。
② 〔德〕康德：《实践理性判断》，邓晓芒译，人民出版社，2003，第 155 页。

辞让，致忠信，而谨于臣子矣"（《荀子·君道》），又说："将原先王，本仁义，则礼正其经纬蹊径也。"（《荀子·劝学》）在荀子这里，听命于礼的义只不过是个体的君子和经验的礼的附属品，是一个偶然性概念。与荀子经验论的义的论证不同，孟子认为义是源自人人生而固有的内在天性，"恻隐之心，人皆有之；羞恶之心，人皆有之；恭敬之心，人皆有之；是非之心，人皆有之。恻隐之心，仁也；羞恶之心，义也；恭敬之心，礼也；是非之心，智也。仁义礼智，非由外铄我也，我固有之也，弗思耳矣"（《孟子·告子上》）。义是人人心中先天固有的普遍性理则，"仁义根于人心之固有"（《孟子集注·梁惠王上》）。"心之所同然者何也？谓理也，义也。圣人先得我心之所同然耳。"（《孟子·告子上》）戴震在诠释孟子的这一思想时说："心之所同然始谓之理，谓之义；则未至于同然，存乎其人之意见，非理也，非义也。凡一人以为然，天下万世皆曰'是不可易也'，此之谓同然。"（《孟子字义疏证·理》）不过，这种先验的普遍的义还不具有绝对神圣性。

为了把义的先验性、普遍性提升为义的神圣性，董仲舒认为内在的义源自一个本体的天，是天之道。何为天？从地位上看，天既是"万物之祖"（《春秋繁露·顺命》），又是"百神之大君也"（《春秋繁露·郊祭》）。从属性上讲，"天，仁也"（《春秋繁露·王道通三》）。"天志仁，其道也义"（《春秋繁露·天地阴阳》）。天是人之本源，"人之为人，本于天，天亦人之曾祖父也，此人之所以上类天也"（《春秋繁露·为人者天》）。是故，"人之受命于天也，取仁于天而仁也"（《春秋繁露·王道通三》），"仁义制度之数，尽取之天"（《春秋繁露·基义》）。义成了先验不变的绝对神圣的天道。但是，这种"人之曾祖父"之类的天暴露了其低俗的经验性，很难经得起推敲。同时，独断地未经任何论证地断言"天志仁，其道也义"，其实是犯了将事实直接等同于价值的自然主义谬误。尽管那时的人们还没有意识到这一点，义的神圣地位至少在理论上依然处在可以动摇的危险之中。

为了稳固义的神圣地位，弥补董仲舒理论上的漏洞，程朱理学主张天人一理，认为义源自形而上的理。朱熹说："理未尝离乎气，然理形而上者，气形而下者。"（《朱子语类》卷一）二程认为："理则天下只是一个理,故推至四海而准,须是质诸天地,考诸王不易之理。故敬则只是敬此者也,仁是仁此者也,信是信此者也。"(《河南程氏遗书》卷二上)朱熹也说:"未有天地之先,毕竟也只是理。"(《朱子语类》卷一)"未有这事,先有这理。如未有君臣,已先有君臣之理;未有父子,已有父子之理。"(《朱子语类》卷九十五)天理内在具有的正当性就是义。朱熹认为:"义者,天理之所宜。"(《论语集注·里仁》)既然天人一理,那么义也是人的行为应当遵循的内在命令:"义者,心之制,事之宜也"(《孟子集注·梁惠王上》)。义是综合荀子、孟子等人的思想,剔除董仲舒以经验论证先验的错误,在天理这里提升为一个规范人心、引领言行的具有绝对命令地位的形而上的神圣的普遍法则。

维系义的神圣地位至少有两种选择:否定利(个体利益)的正当性,或者肯定利的正当性。义利综合命题选择前者,这就是它的另一深层意蕴。

(二)遮蔽利的正当诉求

确立了义的神圣地位,也就意味着遮蔽乃至彻底否定利的正当诉求,以达到义绝对优先于利的企图。

综合判断把义绝对化为规范利的道德行为法则。孔子主张"君子义以为上"(《论语·阳货》),因为"放于利而行,多怨"(《论语·里仁》)。孟子甚至认为:"大人者,言不必信,行不必果,惟义所在。"(《孟子·离娄章句下》)这是为什么呢?朱熹说:"仁义根于人心之固有,天理之公也;利心生于物我之相形,人欲之私也。"(《孟子集注·梁惠王上》)义作为人心固有的公理,比生命和利欲珍贵,在义和生命之间应当舍生取义。孟子曰:"生,亦我所欲也;义,亦我所欲也,二者不可得兼,舍生而取义者也。"(《孟子·告子上》)孟子这种天理之公的义被董仲舒改造为道。董仲舒说:"道之大原出于天。天不变,道亦不变。"(《汉书·董仲舒传》)所以应当"正其谊不谋其利,明其道不计其功"(《汉书·董仲舒传》)。义成为否定利的大原或根据,其真实意图是推崇臣民绝对服从皇权的绝对义务,忽视乃至蔑视臣民相应的权利诉求。但是,君权只具有对臣民的绝对权力,君主不仁不义的行为(如荒淫误国、残害百姓)却不承担相应的责任和义务。尤为甚者,那些为君主服务的官吏(百姓的父母官)

也仅仅对君主负责，却不承担对百姓的责任，乃至有"刑不上大夫"的免责传统。韩非子甚至说："为人臣不忠，当死；言而不当，亦当死。"（《韩非子·初见秦》）其经典形式演化为著名的"三纲"：君为臣纲、父为子纲、夫为妻纲。董仲舒认为："王道之三纲，可求于天。"（《春秋繁露·基义》）源自天的神圣的三纲的实质是"君要臣死，臣不得不死""父（夫）要子（妻）亡，子（妻）不得不亡"的绝对服从和无条件牺牲。三纲的要害在于君为臣纲，而父为子纲、夫为妻纲只不过是其衍生品。由于君是义，臣是利，"君（义）为臣（利）纲"也就意味着综合命题的义与利的因果联结：义（君）是正当性的根源，利（臣）自身不具有正当性。只有绝对服从义（君）的利（臣），才具有相对的正当性。

义由本体的不变的天道最终具象为经验的个体的君主权力或意志，义与利的对立也就转化为普遍性的天理与特殊性利欲的对立，即公（天理）与私（人欲）的对立。如程颐所说，"不是天理，便是私欲"（《河南程氏遗书》卷十五）。既然"灭私欲则天理明"（《河南程氏遗书》卷二十四），自然也就要求"损人欲以复天理"（《二程集·周易程氏传·损》）。天理的义由此成为灭绝私欲的利的根据。综合命题把义利作为原因和结果的联结，其意图非常明显：崇义弃利，或者说，义是否定乃至摒弃利的原因和根据。

我们知道，在分析命题中，君主一人的利益和幸福是道德标准，绝大多数人的利益和幸福都必须以君主一人的利益和幸福为目的。二者发生冲突时，前者无条件屈从于后者。如果说分析命题还主张利欲可言，综合命题则主张利欲不可言。君主在综合命题中被赋予天理、天道、大原的绝对神圣高度，君主的利益幸福成为被这种形上神圣性遮蔽的不可言说的潜规则。如孟子所说，"王亦曰仁义而已矣，何必曰利？"（《孟子·梁惠王上》）践行潜规则的行为规则是："不论利害，惟看义当为与不当为。"（《河南程氏遗书》卷十七）利在义的评价体系中毫无价值可言，如荀子所说，"保利弃义谓之至贼"（《荀子·修身》）。朱熹则概括为："圣贤千言万语，只是教人明天理，灭人欲。"（《朱子语类》卷十二）由此看来，义利综合命题必然不可摆脱义利俱灭的严重后果。

（三）义利俱灭的必然归宿

分析命题囿于经验的利益问题，君权被同化为君主利益的偶然表象，自然也就降低了君权的神圣地位和绝对权威。为了弥补这个缺憾，论证君权的神圣性并借此蔑视臣民利益的正当性也就成了综合命题的历史使命。综合命题极力推崇君权神圣至上的不可侵犯性，为君权寻求形而上的合法根据，借此否定甚至牺牲臣民利益，把臣民利益遮蔽于所谓的义（即神圣君权）之下。

如果说分析命题还为臣民利益的存在留下一点可能性的话，综合命题在否定了臣民利益之后，余下的只是空洞的天道仁义，这天道仁义的实质依然是经验的君权。君权在压制剥夺臣民利益的同时，也动摇了君权神圣性和君主利益的根基，义利俱灭的结果也就成为必然。

首先，义对利的肆意践踏。义利综合命题把人分为君主和臣民两大对立主体。君主是绝对的义的主体，是"人伦之至也"（《孟子·离娄上》）。臣民则是利的主体，必须依靠义维系其做人的资格。一般说来，"夫人有义者，虽贫能自乐也；而人无义者，虽富莫能自存"（《春秋繁露·身之养莫重于义》）。原则上讲，"若其义则不可须臾舍也。为之，人也；舍之，禽兽也"《荀子·劝学》）。义表面上指行为必须遵循的道德命令，实际上是天下大公掩盖下的君权。因此，它骨子里追求的主要是君王权力（实际上也包括君主的个人利益）绝对不可动摇的神圣权威。臣民必须绝对听命于义，不奉行义的人就是小人、盗贼，甚至是禽兽。孔子说："君子喻于义，小人喻于利。"（《论语·里仁》）孟子也说："无恻隐之心，非人也；无羞恶之心，非人也；无辞让之心，非人也；无是非之心，非人也。"（《孟子·公孙丑上》）这里为了否定利的正当性，竟然用"禽兽"和"非人"等否定人的资格和尊严的极端手段。这就不仅践踏了利，而且败坏了德性的根本。德性的丧失也就意味着温情脉脉的"义"可以毫无顾忌地肆意践踏利益。对此，黑格尔说："在中国，那个'普遍的意志'直接命令个人应该做些什么。个人敬谨服从，相应地放弃了他的反省和独立。假如他不服从，假如他这样等于和他的实际生命相分离。'实体'简直只是一个人——皇帝——他的法律造成一切的意见。"[1] 义利综合命题把君主权力作为天道大义，在所谓神圣的义的绝对命令之下，君权剥夺臣民的个体利

---

[1] 〔德〕黑格尔：《历史哲学》，王造时译，上海书店出版社，2001，第122页。

益甚至生命似乎都是替天行道的义举。当生命都可以被义随时剥夺时，臣民利益也就被所谓的义彻底遮蔽了。然而，义对利的肆意践踏也就同时意味着义丧失了其存在的根据。

其次，义对利的肆意践踏使义自身丧失存在的根据。表面看来，在义利综合命题这里，神圣君主是义的化身，卑微臣民是利的载体。集天地君亲师于一体的君主具有最高的绝对权力，臣民必须履行服从君主权力的绝对义务，即利必须绝对听命于义。实际上，这恰好为义自身挖掘了坟墓。

不可否认，传统伦理也有"君不仁，臣投他帮""父不慈，子走他乡"的思想观念。墨子就说："为人君必惠，为人臣必忠；为人父必慈，为人子必孝，为人兄必友，为人弟必悌。"（《墨子·兼爱下》）但是，由于缺少对人的尊重的基本理念，这些合理思想常常流于空谈。君主的绝对权力致使君仁臣忠、父慈子孝、兄友弟恭、长幼有序等观念成为表面的幻象。君主钳制臣民的绝对权力以及臣民被迫承担的对君主的绝对义务把君主权力推向否定人的普遍性、平等性乃至人格尊严的极端。诚如戴震所痛斥："尊者以理责卑，长者以理责幼，贵者以理责贱，虽失，谓之顺；卑者、幼者、贱者以理争之，虽得，谓之逆。……人死于法，犹有怜之者；死于理，其谁怜之？"（《孟子字义疏证·理》）这实际上是对义的形上的普遍性和神圣性的深刻质疑和否定。显而易见，人类的第一个君主源自非君主，是从百姓大众中产生出来的。后来的君主轮流更换，亦是如此。没有天生的君主，君主或天子的不断变化和不变的义或天道自相矛盾，这就否定了君权的绝对神圣性。另外，君主是绝对权力者，绝对权力导致绝对腐败。绝对服从义（君主）的臣民由于被剥夺了人的资格和权利，对所谓的义务只是出于恐惧而被迫履行。神圣性的义只不过是自然暴力的代名词而已，义的法则只不过是动物世界弱肉强食的丛林法则，而非伦理的自由法则。一旦有力量反抗，被压制的臣民就会抛弃所谓的绝对义务，运用君主奉行的动物法则、暴力法则对抗甚至杀戮绝对权力者。君主专制和臣民利益绝对对立，君主、臣民双方都不会把对方和自己当作自由的有尊严的人。如果一方胜利，新的暴力对抗就会重新轮回。在这种人对人如豺狼的自然状态下，神圣性的义在刀剑之下原形毕露，君主的权威在生死考验的

人类伦理视域的义利之辨

时刻顿时化为乌有。从这个角度看，中国几千年传统史其实是暴力对抗暴力的暴力史。贯穿暴力史始终的则是弱肉强食的自然法则。

那么，义利俱灭的综合命题（取义弃利）的根源何在？我们知道，家国同构的自然状态祈求分析命题，但是分析命题把绝大多数人的最大利益归结为君主一人的个体利益，不能解决君权利益的绝对合法性和神圣性问题，反而具有否定君主利益的危险性。同时，把君主一人的个体利益归结为义，理论上也犯了自然主义谬误。即使借助天的名义，也不可避免。墨子说："然则奚以为治法而可？故曰：莫若法天。天之行广而无私，其施厚而不德，其明久而不衰，故圣王法之。既以天为法，动作有为，必度于天。天之所欲则为之，天所不欲则止。然而天何欲何恶者也？天必欲人之相爱相利，而不欲人之相恶相贼也。"（《墨子·法仪》）法天是自然主义谬误，这种谬误导致这一命题不具有令人信服的理论力量（尽管当时人们不知道这是自然主义谬误的后果，但是直觉的"王侯将相，宁有种乎"之类的怀疑思想依然能够对它构成致命威胁）。这是其一。

更深层的问题则在于，综合命题自身何以必要？家国同构的自然秩序虽然祈求分析命题去论证以孝治天下、移孝作忠等家国一致的自然需求，但是骨子里绝对不允许家国一致、君臣平等。对中国传统伦理而言，如果皇家和其他自然家庭平等或君主和臣民平等，这是大逆不道的不义甚至是禽兽行径。家国同一的目的是小家服从大家（国）、臣民服从君权，其实质是绝大多数的自然家庭所构成的家庭整体绝对服从皇帝一人的意志。可见，家国同构自然秩序的合法性需要把君主之家和臣民之家严格绝对地区别开来，并使前者对后者具有绝对的神圣地位，后者绝对听命于前者。这就要求必须论证君主利益的神圣性、至高无上性以及臣民利益绝对服从君权的无条件性，或者说臣民的合法性根据在于绝对服从君权。没有君权，臣民就没有存在的价值。如果说君权是目的价值，臣民在分析命题这里最多具有工具价值，那么在综合命题这里，臣民则没有丝毫价值可言。另外，由于义（君权）利（臣民利益）的实质都是经验的偶然的，所以义利之辨的综合判断是后天的或经验的综合判断，它虽然可以拓展义利的实践认知，但是只具有偶然性，而不能成为道德法则。

那么，从人类伦理视域来看，义利之辨如何获得新生呢？

四　结语

回答义利之辨如何获得新生的问题，需要另文进行详尽辨析和论证。尽管如此，我们依然可以基此理出基本思路。

从人类伦理视域来看，中国传统义利之辨的基本伦理精神是"君主为目的（义）、臣民为工具（利）"。它具体体现为：（1）义利之辨既要假借家国同一、家国一体之名来实现家天下，又要使君主凌驾于所有臣民之上而具有绝对权威。前者需要分析命题加以论证以便混淆家国之别，后者需要综合命题加以论证以便使君主严格区别于臣民进而具有绝对神圣权威。这就出现了"A 是 A"（分析命题的义是利）与"A 不是 A"（综合命题的义不是利或义不是义）的矛盾，同时又出现了"A 是 –A"（义是非义即利）的矛盾。（2）这种矛盾归根结底是与家国一体的超稳定结构互为因果造成的：君主既具有个体地位，更具有掌控最高权力的绝对权威；君主的家天下既具有家庭地位，又具有国家地位。与此相应，臣民家庭和个人利益则成为私利私义或不正当的符号。如果说家国一体的超稳定结构是义利之辨的实体，那么义利之辨则是家国一体的超稳定结构的精神支撑。（3）究其实质，义利之辨滞留在经验领域的利益冲突的藩篱内，遵循自然暴力为基础的自然法则并借此遮蔽实践理性的自由法则，几乎没有关注或有意无意地忽略了利益背后人的自由本质和人格尊严。所以，义利之辨不可能从人类伦理的角度思考国家和家庭的本质区别（国家是自由的政治伦理领域，家庭是自然的私人伦理领域）与内在联系，更遑论国家、公民及其利益的合法性和正当性，最终只能走向义利俱损的绝境。这就是作为古典即义利之辨先天综合判断的发轫契机。

那么，义利之辨的先天综合判断是如何可能的？先天综合判断寻求的普遍的义和普遍的利以及二者的联结，既源自人的本性，又以人为根本目的。（1）义与利具有各自独立的含义：义应当是规范利的价值根据和行动法则，利应当是在义规范下的感性事实（福祉利益）；（2）普遍的义或利是适用于每个人的先天的行为法则或感性事实（福祉利益），而不仅仅是适用于某个人、某些人或绝大多数人的行为法则或感性事实（福祉利益）；（3）先天普遍的义是使先天普遍的利成为应当追求的正当权益的原因和根据，先天普遍的利是实现先天普遍的义的工具路径并因此具有工具价值。如此一来，义利之辨扬弃其分析判断与综合判断，把自身提升到先天综合判断，实现由自然暴力为基础的自然法则向自由人性为基础的自由法则的历史转变，也在某种程度上综合并超越现代理论伦理形态的功利论和义务论，为追寻当下人类道德视域的伦理体系提供了某种理论思路。或许，这一思路也是文化自信与道德建设系统工程的一个要素。

（责任编辑：楚洋洋）

"居移气"
——人文化成及其界限

杨泽树*

摘　要：盘点从"居移气"到"孟母三迁"再到"择邻处"的儒学命题，既是对孟子实践智慧的扫描，也是对孟学日用入路的照察。以往对"性善论"的讨论，多聚焦于孟子的形上世界。关注"居移气"一路的形下命题，德性主体之为主体，方有落实。而此对于孟学之研究，则或有纠偏之用。

关键词：日用即道　人文化成　"居移气"　界限　孟子

对孟子德性论的思考，学界多关注于形上根基的人性论。追随这条路，于中国传统伦理的了解，虽然会在"道体"之学理上愈刨愈深，却也会离功夫之途愈来愈远，甚至将割裂孟子思想的全体，并将人为地制造气与心性之间的理论断桥。从"居移气"到"孟母三迁"，再到"择邻处"，不仅是德教的从理据到运用的展示，也是德教从手段到效果、从动机到目的的正相关案例。开启孟子"居移气"之德慧，既是必窥孟子之全豹的正途，亦是回归成德实践的疾呼。

对孟子的讨论，自荀子而后，"性善论"就一直是孟学关注的热点。流自宋儒，则有"道体"的专篇。① 无论是宋儒的"道体"，还是中西比

---

* 杨泽树（1968~），云南富源人，哲学博士，云南财经大学哲学研究所副教授，主要从事诠释学、中西哲学比较及儒家伦理的教学与研究。
① 朱熹主编的《近思录》，卷首即《道体》篇。天道性命，是《道体》篇的专题。孟子的人性论，自然归附于其中。

较视域中的"形而上学",都使关注点远离了日用常行、易知易从的儒道。然在孟子的思想世界中,还存有形下之维,还存有易简智慧。本文的讨论,就权当是对孟学非玄学路径的演绎与发掘。

一 孟母三迁

(一) 百姓日用而不知其道

刘向①所撰的《列女传》②,首载孟母屡迁之事:

> 邹孟轲之母也,号孟母。其舍近墓,孟子之少也,嬉游为墓间之事,踊跃筑埋。孟母曰:"此非吾所以居处子。"乃去,舍市傍。其嬉戏为贾人衒卖之事。孟母又曰:"此非吾所以居处子也。"复徙舍学宫之傍。其嬉游乃设俎豆,揖让进退。孟母曰:"真可以居吾子矣。"遂居。及孟子长,学六艺,卒成大儒之名。君子谓孟母善以渐化。

牧民迁居,或是常态。农耕者多定居。华夏文明既往的夷夏之辨,居住方式实为主要的分水岭。定居者为华夏,游牧渔猎者为四夷。在既有的农业文明中,若战争、灾荒等,迁居移徙多为势不得已。康德对形而上学的批判,也把矛头指向形而上学的游牧性,其为怀疑主义提供了肥厚的土壤。③ 人心思安,有谚说"一搬三穷"。孟轲父早亡,长成已属不易,遑论成才。而孟母又累迁,其间的艰难自不待说。但孟母之迁并非被迫。"此非吾所以居处子也",为此而迁,此足见母仪非凡。不利开启童蒙则迁,有利则居。从临墓、临市到近学宫之地,最后选择留下来的地方是学校周

---

① 刘向所编《列女传》,多以儒家价值为本。其中《有虞二妃》所载舜逃脱于父母及其弟象的谋害,曾巩认为"颇合于《孟子》"(《列女传目录序》)。《列女传·邹孟轲母》所载之孟母迁居事即孟子的生活故事,与孟子"居移气"说相表里。
② 近世以来,《列女传》多被视为贞节牌坊类的封建之作。然如"母仪"、"贤明"、"仁智"和"辩通"等,多歌颂女性之母爱与才智,并非全按男尊女卑之思想来审视女性。
③ 不过,康德的形而上学批判指的是传统形而上学不具备数学、逻辑学的确定不移性。"定居"在康德的世界中,指的是结论的客观性。形而上学在普遍性与确切性方面没有取得近代自然科学那样的成绩。康德的定居与游牧表征的是内在思想世界的定与移。康德之批判也表露出定居文明优于游牧文明的价值立场。

围。孟子终成名儒，孟母迁居有其功。孟母迁居的原则，即"里仁为美"（《伦语·里仁》）。里仁、居仁由义，是孔孟对人的内在心灵的设计。在中国文化史上，这种设计就没有中断过。司马迁在《史记·孙子吴起列传》中更发出"在德不在险"之叹：

> 吴起事魏武侯。武侯浮西河而下，中流，顾而谓吴起曰："美哉乎！山河之固，此魏国之宝也！"起对曰："在德不在险。昔三苗氏左洞庭，右彭蠡，德义不修，禹灭之；夏桀之居，左河济，右泰华，伊阙在其南，羊肠在其北，修政不仁，汤放之；殷纣之国，左龙门，右太行，常山在其北，大河经其南，修政不德，武王杀之。由此观之，在德不在险。若君不修德，舟中之人尽为敌国也。"

不视山河之固为国之宝，而以发政施仁，修政以德为国之宝。此段议论出自司马迁之《史记》，足见儒家原则对于司马迁编撰《史记》的影响。而这里运用的原则与孟子天时、地利、人和的序次与权重如出一辙。孟子的人和的根据在于人心向背。自处以修德为本，处人则"处仁"为智。所择者，邻之德性也。孟子卒成亚圣，证明了孟母择邻的睿智与明断，也论证了"儒家风水学"重人文的特殊个性。①

蒙学大师王应麟，其不朽之作《三字经》，载"择邻处"与"断机杼"之事。② 自其"昔孟母，择邻处"而后，"孟母三迁"更成为中华儿女尽人皆知的民间故事。"孟母三迁"之事，经王应麟而成为"择邻处"

---

① 吴起之说何以在司马迁笔下成了儒家之言呢？刘向《战国策》载武侯与吴起的对话内容是善不善为政。在《史记》与《资治通鉴》里则直言"在德不在险"。为政善与不善，其因多端，自非徒有修德之一途。《孟子》则区分"善政"与"善教"。所谓"善政得民财，善教得民心"。由孟子处，更不能得出善政是司马迁与司马光之"在德不在险"，甚至是相反的结论。参见《战国策·魏武侯与诸大夫浮于西河》及《史记》与《资治通鉴》。很显然，《资治通鉴》的记载更多得于《史记》无疑。吴起之说在《史记》与《资治通鉴》中更有儒家倾向，而《战国策》之说更见包罗。《史记·孙子吴起列传》也有李克说吴起"贪而好色"及杀齐妻以为鲁将之事。刘向序以善不善政更符合吴起之历史真实。无论出自谁的笔下，价值取向均从以山川自然之险为要转向善政与修德为要。郭沫若《青铜时代》"述吴起"一文，视吴起为兵学家与政治家。冯友兰《中国哲学史新编》也将吴起作为兵家、法家来看待。然《史记》和《战国策》在讲述吴起时，却积极地显示其儒家价值取向。

② 《三字经》所载"择邻处"与"断机杼"二事均源自刘向之《列女传》。

的儒家经典命题。择邻处，其根基为孟子"居移气"①的人文论断。

儒学命题之间，有着体用同源而分层的结构。有纯玄理层之命题，如天道、性命、心气、无极、太极、仁之话题；有体用一体型的命题，如尽心、存心、养性、事天；有应用执行层的命题，如孝、悌、友、敬等。由"居移气"而迁居，而择邻，正是道的层层落实。儒家之道，日用而不知，不可须臾离，即孟子所谓"终身由之而不知其道者"（《孟子·尽心上》）。

（二）人文化成的经典文案

教育的本质是人文化成。若仔细查看孟母三迁的语象，则颇有意味。孟母的或迁或留，覆盖着三层意义选择。而这三层意义所带出来的教育原则，可说是儒家至为突出的原则。

刘向的写作，可说是诗意的，其意义寓于具体的意象之中。墓、市及学宫，每每不同。三重意象与儒家价值观究竟有何关联？自有必要条分而缕析之。

其一，好生而恶杀。

儒家之哲学，为入世之哲学。所谓入世，即思议与行事于生死之间。念想不在前生之缘会，成功更不待成仙成佛。一切作为，一切理想，皆是以生命存在为前提的。而生命之存在，儒家的人生准则，系缚于仁义中正之维。欲实现仁义中正之意义，无有生命，何能有所作为？无有修身，意义何能富丽？

为政不以仁，苛刑暴政，虐民残民，其蔽为不好生而好杀。作为儒家仁政最高典范的舜，其至德即根于好生。"好生"，首见于《孔子家语·好生》：

> 舜之为君也，其政好生而恶杀，其任授贤而替不肖，德若天地而

---

① 《孟子》中的"居"，主要有两层义项。其一是栖身与谋生之处，包括居家与居人之朝。但此二者都包含有实体空间的层面，都脱不开具体条件的限制。但即便如此，孟子还是通贯着其人文化成的思想主题，于是便有"居移气"之杰作。而孟子于"居"，还有玄远而不脱实学的"居天下之广居"。此即孟子"居"的义项之第二层。寰宇虽浩瀚无垠而每一个人所实际存身的现实世界却总是有限的，所以儒家有"士不怀居"的人文情怀。而孟子之"居仁由义"与"居天下之广居"实则是对人类超越有限以成就无限的向往与探求。"居"的这一义项，当在另文中详述。

静虚，化若四时而遍物，是以四海承风，畅于异类，凤翔麟至，鸟兽驯德，无他也，好生故也。

舜之为政修德，其根在好生。好生，是人类之自爱。因自爱而爱人，因自爱而恕人。修身，则是自我之再生与新生。修身，即修我之身。人能自修，实为好生之本。自修而自强，自强而愈能好生。

生，隐含着意义期待。圣人的践行，指示了修身的实际可能与意义兑现。儒家的入世是现世主义的，但不是现实主义的，而实为富于理想主义色彩的人生态度，即朝着理想人格成就的方向自我雕刻，重建自我。

孟母的第一次迁离是因为屋舍近墓。墓之象自然与儒家的入世性不一。墓是时间终止的意象。墓间筑埋，安全不说，对死的模仿终不是儿童游戏的好节目。嬉游于墓间，一则狐妖鬼怪之事难免。此与"子不语怪力乱神"相违。二则，在逝者安息的地方嬉戏，至少是场景不对。敬慎与恐惧之阙如，有悖礼仪。《荀子·礼论》言："凡礼，事生，饰欢也；送死，饰哀也；祭祀，饰敬也；师旅，饰威也。"幼儿游乐于墓间，于礼乖违。末次，从"未知生，焉知死"之命题来看，孔子显然是把生看得高于一切。"未知生，焉知死"，年幼无知难逃于此。生，不是顺其自然。顺其自然不是事，修身方为事，是务本立本之事。至于夭寿之自然，可以存而不论，而论之以修身。而唯有修身及由此实现的立德、立言与立功，才能解释只属于人的意义历程。人之死，或轻于鸿毛，或重于泰山，非论之以夭寿自然之发齿，而论之以所创造的意义的量与质。

"生生之谓易"，《易·系辞上传》以"生生"释"易"。《易·系辞下传》言："天地之大德曰生。"生，几可以说成是《易经》的主题词与核心价值。儒家的入世性，实质是建立在生事至上的文化血脉中的。生，具有至高无上的尊严和价值。"孝悌"之所以被孔子尊为"为仁之本"，就在于这两样都关乎生生之大德。孝是报生之恩。悌，即爱那与我同生者。悌同样是报生之恩。生，又是一个日新又新、生生不息的状态。生命的代际递衍是生生不息，操之在我的自我成长同样是生生不息。"敬鬼神而远之"，见于《论语·雍也》：

樊迟问知。子曰："务民之义，敬鬼神而远之，可谓知矣。"

"居移气"

"敬鬼神而远之",在此所流淌着的同样是生事至上的文化血脉。"希圣希贤",是在儿时就种下的理想心灵;成贤成圣,则是儒者之人格终极。儒者所念兹在兹者,正在于此。"敬鬼神而远之",迂曲地解释了儒者追求的重心所在。此同样是儒家之教与其他宗教的距离所在。正如前述,儒家的入世性是以生命存在为前提的。入世,即居仁由义。世间万物之荣枯与繁殖,是第一意义的生生不息。德性与境界的递升,是第二意义的生生不息,是上天唯一赋予人的生生不息。"尽其心者,知其性也。知其性,则知天矣。存其心,养其性,所以事天也。夭寿不贰,修身以俟之,所以立命也。"(《孟子·尽心上》)"敬鬼神而远之",就是要尽心于下学上达、修身立命的生事中。

墓以喻入而不出,归而不返之止象。傍墓而居,就不解儒家好生大生的智慧。族众之坟,列死之序,本诸宗传,秩序之前定。滥葬之墓,狐妖鬼怪之闻,夭而无成之殇,其意自凄凄。入世,即执持于可事可为的空间,而远离不可事不可为的超越与玄辨之域。入而不出,归而不返者,何事可事?何事能事?墓或可转训出生之慎与贵,生之有涯,并引出尊重生命、热爱生命等意义,然而此不是直观思维的儿童所能接受的。"莫非命也,顺受其正;是故知命者不立乎岩墙之下。"(《孟子·尽心下》)弃墓之旁而迁居,与"不立乎岩墙之下"如出一辙,是"顺受其正"于命,是对儒家生死智慧的诠释与践行。孟母可谓是真正的好生者。

孟子之"仁民爱物",张载之"民胞物与"与周茂叔之"窗前草不除",同样刻写了儒家仁心体物无遗、人与天地万物并生之博爱。好生之德经由仁心之广大包围而有转进与落实。"好生",构成了孟母迁居的第一层人文寓意。

其二,贵义贱利。

严义利之辨,是儒家的一贯立场。儒家的义利之辨,是由孔子的"君子喻于义,小人喻于利"之说开场的。其实,类似的价值表达还有"君子怀德,小人怀土。君子怀刑,小人怀惠"(《论语·里仁》)。"放于利而行,多怨。"(《论语·里仁第四》)孟子亦惧"上下交征利"(《孟子·梁惠王上》)与"怀利以相接"(《孟子·告子下》)之害仁义,而言"何必曰利"(《孟子·梁惠王上》)。在孟子看来,舜与跖的区分也不过是一为善，一为利。《孟子·尽心上》言：

> 鸡鸣而起，孳孳为善者，舜之徒也；鸡鸣而起，孳孳为利者，跖之徒也。欲知舜与跖之分，无他，利与善之间也。

急功而近利者，奸诈多而诚信少；急遽而苟且者，多淆乱是非，而谋一时之好。市井之场，声色货利之所：

> 孟子曰："'人亦孰不欲富贵？而独于富贵之中有私龙断焉。'……有贱丈夫焉，必求龙断而登之，以左右望，而罔市利。"（《孟子·公孙丑下》）

吆喝叫卖，垄断市利者，与儒家六艺之教不相入。所得者既非温柔敦厚之诗教，亦非恭俭庄敬之礼教，更非广博易良之乐教。满目所视，熙熙攘攘，为利来往之市象，岂是善教者所欢喜之场？刘向叙以孟母之不居闹市旁，一番是属辞比事之艺精，一番是严义利之辨的仁熟。严义利之辨，是儒家一贯持循的立场，是孟母迁居的第二层价值选择。

其三，见贤思齐。

见贤思齐，希圣希贤，是遍布于儒家经典的追求。

> 子曰："见贤思齐焉，见不贤而内自省也。"（《论语·里仁》）
> 孟子曰："舜之居深山之中，与木石居，与鹿豕游，其所以异于深山之野人者几希。及其闻一善言，见一善行，若决江河，沛然莫之能御也。"（《孟子·尽心上》）
> 濂溪先生曰："圣希天，贤希圣，士希贤。……志伊尹之所志，学颜子之所学。"（《周敦颐集·志学第十》）

学校是教之所由施，惑之所由解，道之所由传之地。学之大者，国之重器。孟子言："不信仁贤，则国空虚。"（《孟子·尽心下》）《礼记》更是以教学为建国君民之先：

> 发虑宪，求善良，足以谟闻，不足以动众。就贤体远，足以动众，未足以化民。君子如欲化民成俗，其必由学乎！玉不琢，不成器。人不

"居移气"

学，不知道。是故古之王者，建国君民，教学为先。(《礼记·学记》)

国之兴亡，系之教学之兴废。兴国之大要，在教学为先。未有教学不兴而国得而兴者。教学既先，人才可得，民风易淳。儒家之入世，前述以德行与精神。即入之以德行于现世，入之以精神于现世。而德行与精神之进，在学而不厌，躬身自求。

孟母之母仪，首在教子有方，教子向学。不临墓而居，不临市而居，而临学宫而居。临学宫而居，则其风气多向学与向善，此真孟母之聪明察识。诗书传家，希圣希贤，教学为先，是往古治家之格言。居住于学校旁，必多闻圣贤之风与成人之教，其熏陶与化育多在立志博学与明德笃行，自有利于儿童之成长。

《列女传》称孟母傍居于学宫之后，孟子常为"俎豆"之戏。其嬉游乃设俎豆而揖让进退。这些都是学礼之所必由。《列女传》言孟母迁居于学宫之旁，而孟子嬉游的活动遂改为"俎豆"之事。① 礼是六艺之一，自是儒家教与学的重要内容。若图幼子之希圣希贤，则学宫之旁最宜居。

屋宅，是家人相处、饮食起居之场，也是儿童成长、接受家庭教育，以及与至亲、友朋和邻人相处的第一交际场所。从价值归趋来看，《列女传》迁居之教，实意涵了正反两面的环境影响，探讨了化成儿童的教育主题。选择居住环境，实质是为儿童成长创造良好的人文氛围。墓以言止，市以争利，学宫以成人。概言之，刘向所使用之三重意象，言简而理赅。这三重的意象，都是富于人文寓意的，而非风水学的地理自然之意象。从这三重意象来看，孟母择居的要领更在于德与智之养成，而未关注富于神秘气息的水龙堪舆。

无论《列女传》，还是《三字经》，皆至少比《孟子》晚出数百年至上千年。但《孟子》中与孟母有关的话题除了"后丧逾前丧"② 而外，并

---

① 或据之于《论语》与《史记》。《论语》记孔子曾学俎豆之事，《史记》亦载。《论语·卫灵公》载："俎豆之事，则尝闻之矣；军旅之事，未之学也。"《史记·孔子世家》载："孔子为儿嬉戏，常设俎豆，设礼容。"可以说，刘向之著书是儒家地写儒家之人物。

② 见于《孟子·梁惠王下》。孟子父早丧，而其母后丧。后丧逾前丧，指孟子之母丧所用之棺椁衣衾好于其父。孟子辩称并非是违逾礼制，而是贫富不同的缘故。

未及于"三迁"之事。严格说来,这个讨论虽与孟母有关,而实为孟子所为。西汉刘向之始载"三迁",想必已是民间口耳相传的故事了。至于今天,即便当初事实上没有孟母迁居之事,其事也已成为中华民族一个广为人知的故事了,就像《三国演义》中足智多谋的诸葛亮一样。但若仔细审视一下《孟子》,虽从中无法稽考孟母择居之事,但可以看出孟子对于"居"之人文环境与所居之人的关系的思考,则择居之事亦非毫无根据。或者孟子获益于其母迁居之教,而有其"人居"的思索,或者刘向深受《孟子》"人居"论的启示,而有"孟母三迁"的故事。孟母考虑儿童成长环境而迁居之事与孟子对于"人居"的思考,构成一种互相论证与互相支撑的文化事实。这使得"孟母三迁"或孟子的"居"之思显得更加饱满。三个典型人文场景(墓、市与学宫)的或去或取,实为作者对人文化成之媒质的多维扫描。

详查《孟子》之文本,"居"的意涵,约为虚实两端,即"居移气"与"居天下之广居"。① 前者是实,后者是虚。"居移气"辞墓、市而傍学宫居,即与孟子"居移气"的实践智慧相妙和,自可为"居移气"之绝佳注脚。

二 居移气

孟子遇见齐王之子,发出了"居移气"的感慨:

> 孟子自范之齐,望见齐王之子,喟然叹曰:"居移气,养移体,大哉居乎!夫非尽人之子与?"
>
> 孟子曰:"王子宫室、车马、衣服多与人同,而王子若彼者,其居使之然也;况居天下之广居者乎?鲁君之宋,呼于垤泽之门。守者曰:'此非吾君也,何其声之似我君也?'此无他,居相似也。"(《孟子·尽心上》)

居移气,即居所会变化人的内在气质。居既能移气,故孟子有"大哉居乎"之叹。或可以说,《列女传》编《邹孟轲母》,特详"三迁"之事,

---

① 居天下之广居,与仁宅义路、居仁由义相一致,同为居之虚语,不与空间相关联。

或亦有鉴于此。此或是刘向深得孟子"居移气"之智慧，或是孟子实惠于其母迁居之教。在无有效证据前，实不可轻率地妄定此是刘向的自创，还是刘向受孟子"居移气"说的启发，或者民间的口耳相传。但是无疑，"孟母三迁"与"居移气"相表里。二者，"三迁"① 是表，是用；"居移气"是里，是本。

孟子的居移气之思，有两重内涵。其一是居的人文性，其二是居的化成功能。而气之可移可养，为我们打开了孟子人的认识的形下维度。由居而来的化成，数见于《孟子》。

> 君子居是国也，其君用之，则安富尊荣；其子弟从之，则孝悌忠信。②

德高者之在朝，常能辅世长民、淳风美俗。美德君子，若国君尊贤使能，起而用之，则能使其国安而富，其君尊而荣，能使其后生小子孝悌忠信。富于美德的人，会感染鼓舞周边的人，以立懦起顽、过化存神之功而有补于世。

> 士止于千里之外，则谗谄面谀之人至矣。与谗谄面谀之人居，国欲治，可得乎？（《孟子·告子下》）

荀子也说："儒者在本朝则美政，在下位则美俗。"（《荀子·儒效》）反之，若朝中、近旁尽是阿谀奉迎之流，则亦有生心害政之虞。孟子听说鲁国欲起用好善的乐正子为政，就喜不能寐。孟子以为，好善的人为政，必能招揽四方贤士。而真正的贤臣，必以"立乎人之本朝而道不行"（《孟子·万章下》）为耻。反之，若起用自足其智之人，朝中必多乡原之人，则国政必乱，风俗必坏。

---

① 三迁，实为"两迁"（从墓旁迁至市旁，再迁至学宫旁，历三地而两迁），此是从俗所说。若细考刘向之文，则实为两迁。刘向未说孟母三迁，王应麟也只说"择邻处"。三迁之说，其一，说明了孟母择邻的广泛影响；其二，是俗谚中的人言亦言。俗谚也不过更多地关注孟母教子之有方而已。故而此处不妨从俗所说。
② 《孟子·尽心上》。"君子居是国"与"与谗谄面谀之人居"之"居"，与"大哉居乎"之"居"，前者显得较宽泛一些。不过，其中仍保持着居所、居处之意。

三　日用即道与人文化成

从士不怀居、居无求安到居陋而乐，表达着重义轻利、注重精神修养而不贪恋物质享受的价值追求。孟子所探讨的对象不是居住条件的好坏，而是环境与人的相互参与。其对居的讨论，不仅有人对环境的影响，而且也有环境对人的影响。而环境对人的影响，对圣贤来说，不利的环境也被转化与克服，甚至变为圣贤人格成长的助推力。譬如，舜居深山之偏远，舜之父顽母嚚而弟不悌，反辉映了大舜养气的独步。

儒家心学贵人不贵物、润身不润屋、大内不大外的价值取向实则是一致的。居移气，其重心在内在世界的建构上。居移气，打开了物质世界通往精神世界，外在世界通往内在世界的一扇窗。物既与人有相入的一面，则成己成物就有了根基。儒家意义世界的开放性，既在尽人之性与尽物之性的参赞中，亦在成己与成物的措宜中，更在仁智统一的朝向中。在这个层面上，居移气则坐实了意义世界的内化及其开放性，也为我们打开了人的可能性世界之一隅。居移气，既丰富了孟子人文化成的维度，又导出了人的生成性维度。

儒家之学，富于人文启示。孟子的"居移气"说，不是始终居停于文本的玄理，而是源远流长、后继有人的人文命题与教育智慧。孟学研究，除了学理之途外，还当开辟日用功夫之途。而就儒学的实践追求与儒学所强立的德性主体而言，这才是正途。易言之，儒学在它既往的历史中所执持的始终是日用即道与人文化成之统。

四　余论

不得不说的是，外在环境的影响评估在《孟子》中其实是有所暗喻的。所启蒙的对象是儿童，启蒙者则是父母长辈。此种设定对受环境影响的可能范围做了框定，在实际上巧妙地限制了受体，对发生影响的条件性做了相应的观察。人走上了自立阶段，过上了成人的生活，应该有更坚定成熟而自我的选择。而非一味地将自失或己过推脱于外界环境影响或者依赖于外在环境来提挈自己。否则，一任外在环境施为下去，何谈本心？何以尽心尽性？何来自强？孟母三迁发生在幼年孟子入学之前，实质上划定了外在环境的作用边界。这其实也是康德的启蒙边界。康德的启蒙说有一个对不成熟状态的界定,即不能独立运用自己的理智,或者说还需要监护人、保护神、心灵导师的人,皆处在未成熟状态。康德的这一启蒙概念还暗含着,人的理智能力而非自然年轮成为人是否成熟的决定因素。这或许又是要加以辨别的地方。三迁之教的影响是由外而内的。而这个影响又被圈点在未成年时期。于是,环境的化成功能既有所肯定而又有所限定。待人之已成、自成,则已是主导环境、选择环境、改变环境,而非生物反应式的消极适应或者被环境所迁变。

孔子亦有对杜绝环境影响的观察,即所谓"磨而不磷,涅而不缁":

> 佛肸召,子欲往。子路曰:"昔者由也闻诸夫子曰:亲于其身为不善者,君子不入也。佛肸以中牟畔,子之往也如之何?"子曰:"然。有是言也:不曰坚乎,磨而不磷;不曰白乎,涅而不缁。吾其匏瓜也哉?焉能系而不食?"(《论语·阳货》)

"居移气"与"孟母三迁",对"磨而不磷,涅而不缁"既有所旁补,又有所承托。在事实上构成了对养成进路的人文探讨。三迁之教,既巧妙地肯定了来自外在的影响,洞悉了外在人文的内化;又婉转曲折地划定了环境影响的范围和可能性条件,使环境影响不至于盖过人的自我教育及人的德性主体性。在这个意义上,三迁之教是对环境影响的伸张,也是环境影响的一次成功退缩。这当然也体现了自孟子以至刘向极高明而又道中庸的理论绵劲与思辨张力。

(责任编辑:楚洋洋)

传统文化视域下中国绘画的意蕴及其走向

李洪贞[*]

摘　要：中国画是中国文化的一种迹化形式，蕴含着深刻的文化内涵。本文从传统文化的视角透视中国画的内涵和特质；在对待中国画的传承和发展上，强调中国画的创作既要体现"民族精神"又要体现"时代精神"。

关键词：中国画　传统文化　意蕴　传统与现代

明代僧人担当和尚有一首题画诗："如有一笔是画也非画，如无一笔是画亦非画。"陈传席先生在所著《中国绘画美学史》一书中对担当和尚的这首诗做过如下阐释："画要类某物，要象形，要有色彩。但这只是画的本身，但画之贵不在其本身。这正如玉，玉之贵乃在从玉的身上看到'君子之德'。"[①] 担当和尚在这首诗里，指出画的意旨并不在于形色；若以形色论，他的画是"非画"，因为没有一笔是"画"；如不以形色论，而以笔墨所体现出的更深层的内容及意蕴论，比如"即禅即画"，那么，他的画则笔笔是禅机，笔笔皆是"画"！中国艺术家往往关心的不是形象的不朽，也不是叙事的巧妙，而是记录或唤起主体对天地万物的一种体悟。中国艺术深受"儒、释、道"的影响，中国文人对"体"与"用"的辩证关系的认识深刻影响了中国艺术的发展方向，影响了中国艺术民族风格的

---

[*] 李洪贞，画名李洪祯，男，硕士，国家二级美术师，姜宝林工作室访问学者。
[①] 陈传席：《中国绘画美学史》，人民美术出版社，2009，第380页。

形成。在中国画的创作上，这表现为画家不仅仅是拘泥于"形似"，更是注重"传神"与"载道"，注重"技"与"道"的统一，在艺术风格上形成了"萧散简远""闲和严静"的艺术特色。

一 写神与载道

"'形'与'神'的问题首先是一个哲学问题，'形'、'神'问题也是整个中国绘画美学中居于核心的问题。"① 中国画注重"写意"，注重对物象的"传神"，注重"以形写神"。早在魏晋时期，被称为"一代宗匠"的顾恺之在他的画论《论画》、《魏晋胜流画赞》和《画云台山记》中就明确提出，绘画重在"传神""写神""通神"。《魏晋胜流画赞》云："以形写神而空其实对，荃生之用乖，传神之趋失矣。""一象之明昧，不若悟对之通神也。"他还提出"迁想妙得"，意思是从各个方面反复观察对象，不停地思考、联想，以得到其神态为目的。② 在顾恺之看来，绘画中的形象是由"形"和"神"两个方面构成的，而"神"又是其中最主要的方面。也就是说，写"形"只是手段，传"神"才是目的。虽然顾恺之并没有否定"形"在绘画中的意义（事实上也不可能否定），但他真正重视的是"神"而不是"形"。不难看出顾恺之是以"传神"为标准来判定艺术作品的优劣的。③ 顾恺之之后，南北朝时期的画家宗炳和王微也阐述了"形""神"问题。宗炳和王微比顾恺之更突出强调了"神"在绘画创作中的意义。宗炳在其《画山水序》中，从创作的角度提出了写神的要求，认为"神本忘端，栖形感类，理入影迹。诚能妙写，亦诚尽矣"。其又从欣赏的角度提出了"应会感神""神超理得""神思""畅神"等观点和概念。王微在其《叙画》中提出了"本乎形者融灵""明神降之"的观点。王微还明确地指出了"案城域、辩方州、标镇阜、划浸流"之类与绘画的不同就在于"有神"与"无神"。④ 齐梁时期的谢赫在其《古画品录》中提出了"六法"，六法中虽然没有出现"神"字，但实际上谢赫的六法要

---

① 范明华：《〈历代名画记〉绘画美学思想研究》，武汉大学出版社，2009，第62页。
② 陈传席：《中国绘画美学史》，人民美术出版社，2009，第10页。
③ 范明华：《〈历代名画记〉绘画美学思想研究》，武汉大学出版社，2009，第62页。
④ 范明华：《〈历代名画记〉绘画美学思想研究》，武汉大学出版社，2009，第63页。

解决的问题还是绘画理论中所谓"形""神"的问题,只不过他把"形""神"问题做了更具体的阐发而已,六法之"气韵生动"中的"气韵"实际上也是指事物之"神韵"。在宋代,许多画家和理论家在著述中也多次提到"神"与"形"的问题,"如袁文所说,'凡人之形体,学画者往往皆能,至于神采,自非胸中过人,有不能为者'。强调画出'神采',不只是技巧问题,而且关系到学行修养。也有人以为作画只重形似,未必得神似。所以《宣和画谱》中有所谓'形似备而乏气韵',也有人以为形不似,未必神不似。陈去非(简斋)诗云:'意足不求颜色似,前身相马九方皋。'即是说,'不专于形似,而独得于象外者'。"① 宋代的著名诗人、书画家苏东坡曾经赋诗云:"论画以形似,见与儿童邻。"就是说,绘画表现不能仅仅满足于"形似",更应该注重"神似"的表达。元代的汤垕在《画鉴》中云:"观画之法,先观气韵,次观笔墨、骨法、位置、傅染,然后形似,此六法也。若看山水、梅兰、枯木、奇石、墨花、墨禽等游戏翰墨,高人胜士寄兴写意者,慎不可以形似求之。"② 其明确强调塑造形象,要重在"神似"。

宗炳在其《画山水序》中指出"圣人含道映物,贤者澄怀味象",③ 这句话的意思是说:"道"含于圣人生命体中而映于物,贤者澄清自己的怀抱以品味由圣人之"道"所显现之物象。王微在其《叙画》中第一句便指出"图画非止艺行,成当与《易》象同体"。④ 其中的"艺"是"技术"之"技"的意思,不是今天的"艺术"之"艺",意思是:图画(即绘画)不在技术行列,应当与圣人所作《易》象相同。很显然,在古人看来绘画不属于"形而下"的技术的行列,而是和圣人的经典同体,是"道"的载体。

研究中国古代审美意识的日本学者笠原仲二认为,中国绘画的最高目标是要揭示隐藏在事物深处的、难以用语言文字来表述的"真",即"使一切事物呈现各种美的姿态的那个本源性的、创造性的生命"。⑤ 这种"本

---

① 王伯敏:《中国绘画史》,文化艺术出版社,2009,第297页。
② 王伯敏:《中国绘画史》,文化艺术出版社,2009,第344页。
③ 陈传席:《中国绘画美学史》,人民美术出版社,2009,第42页。
④ 陈传席:《中国绘画美学史》,人民美术出版社,2009,第63页。
⑤ 〔日〕笠原仲二:《古代中国人的美意识》,魏常海译,北京大学出版社,1987,第114页。

源性的、创造性的生命",在中国古代绘画美学中,常常以不同的概念加以描述,如"生气""生理""生意""生趣"等。这些概念,指的都是一种本然的生命存在。中国绘画美学的一个显著特点就是从这样一种普遍的生命哲学出发来看待绘画和绘画形象的美,把绘画形象的美看成是本源性的、创造性的、生命的感性显现。

中国绘画的这个特点实际上是受儒家"观物比德"思想的影响,画家作画不仅仅是表现自然之美,更主要的是"缘物寄情""以形载道",体现"君子比德"的深层意义。

二 静水流深

纵观中国艺术史,无论是雕塑还是绘画,在艺术风格上都崇尚简约,主张得其"英华",而不穷其"枝末"。所以呈现给我们的印象往往是看似单纯,实则艺旨深邃。比如,唐代的壁画人物造型,看似简单、单纯,但其反映的精神内涵极其丰富。中国艺术的这种感染力"似澹而实美",正所谓"静水深流",如同无津之水,虽然宁静,但能深深浸入人的心脾。

魏晋南北朝时期的佛像雕塑艺术和唐代壁画反映的艺术情愫是一致的。有人把魏晋时期称为"艺术的觉醒"时期,其实更确切地说,是文人的"自觉"。"人生不满百,常怀千岁忧"的文人之思发端于那个分裂动荡的历史时期,也在情理之中。魏晋玄学那种对自我意识的标榜和对个人价值的肯定,自然也影响到艺术领域。玄学与清谈不自觉地渗透到各种艺术形式之中。在此期间,佛学的兴盛对本土文化的影响更是全面而深刻的。在这种文化大冲撞中,艺术的变化不仅仅是风格上的,更重要的是艺术价值取向上的、意旨上的转变。在汉代艺术的基础上,艺术作品被更多地注入了创作者的个人意志。所谓艺术的觉醒,不仅仅是"技",更是创作者对人生及宇宙的一种终极关怀。正如王微在其《叙画》中所说,"图画非止艺行,成当与《易》象同体"。宗炳更明确地指出,绘画应"以形眉道""以神法道"。[①] 这种文人对于艺术的觉醒,深刻左右了艺术的价值取向,影响了艺术的发展方向。陈传席先生在其《中国绘画美学史》中,在

---

① 陈传席:《中国绘画美学史》,人民美术出版社,2009,第42页。

谈到中国文化对艺术的影响时曾有一个较形象的比喻："儒家的思想影响艺术的主体,道家思想影响艺术的本体。也可以说,孔子的艺术思想犹如铁轨,规定了艺术发展的方向;庄子的艺术思想犹如车轮,正好卡在这个车轨上,奔驰的方向都是一致的。"① 在这里陈传席先生只指出了"儒""道"对艺术的影响,其实佛学对艺术的影响也是极大的。佛家之"不执有,也不住空"以及"空色不异""空色相即"的禅思,影响了艺术的主体,也深刻影响了艺术的本体。《楞严经》上说:"离一切相,即一切法。"《金刚经》言:"应无所住,而生其心。"这种心物一元的哲思使得中国艺术超越了对外在形质的描述,而深入到对事物内在本质的启示——"超以象外"。超以象外,然而又不离"象外",这正是中国艺术的精神所在——以形而下启露形而上、以物质界启露精神界,冥合精神与物质之差别相,使内外圆融,合二为一。这与西方艺术建立在主客相对的美学观念上有本质的区别。瑞典汉学家喜龙仁在其《五世纪至十四世纪的中国雕塑》一书中,拿意大利文艺复兴时期米开朗基罗的雕塑与唐代的佛像雕塑做了一个对比,分析东西方不同文化背景下,同一种艺术表现形式所呈现给观者的不同感受。他在书中写道:"如果把龙门大佛放在米开朗基罗的《摩西》旁边,一边是复杂的坐姿、注重动态、凸起的肌肉、戏剧性的衣纹——强调的是外在的形体结构;一边是全然的休憩、纯粹的正向、两臂下垂、恬静的衣纹——自我关照的姿态。佛像艺术单纯的外表下蕴含着极其丰富的主体精神,一种精神性的东西感染着观者。这样的艺术作品使我们意识到,文艺复兴时期的雕塑虽然把个性刻画推得那么远,其实那只不过是生命渊泽之上一些浮面的漪澜。"②

著名画家姜宝林先生有句名言:"一个艺术家一生只做一件事,那就是寻找自我。"我想这个"自我"不仅是主观之我、之情、之风格,其实更是"主观之我"升华后的"自我"。陆九渊说:"吾心即宇宙,宇宙即吾心。"这是"天人合一"的一种内醒,是主体对主观之我超越后的一种觉悟。当觉悟进入本真的生活,本真的生活也进入了朗彻的觉悟之境。正

---

① 陈传席:《中国绘画美学史》,人民美术出版社,2009,第4页。
② 引自网络,http://www.doc88.com/2011/12/12/p-608856144373.html。

如宗炳所言,"应会感神,神超理得"①。如此,艺术家便能"发至仁之心,通至神之迹"。这正是一种物化之境。作为创造主体,"自我"的隐显,不仅体现着主体对客观世界的态度,而且制约着不同意境的创造。姜宝林先生提出的"单纯化""平面化""等值性"等艺术主张,体现了其既不舍弃审美上的感性客体,又不拘泥于其中的一味写实再现。这是否是有感于"自我"对自然的相互观照所形成的一种超然的心境呢?

如水动成津,若执着在津上,只认波形为水,则离水远矣!

当我们目视古人的艺术,其几乎没有个性的张扬,没有欲望的诉求,但其所流露出的那种和谐的氛围如"静水流深",悠然静穆,使观者的情绪仿佛也融注于那整体的大和谐之中,使人能感受到生命深层的微妙生机。

三 如何对待传统

在中国画的发展过程中,如何对待传统是一个非常重要的问题。

中国画有自己独特的审美特征,具有自身的传统体系。如何对待传统,或者说对待传统的态度,往往也制约着当下中国画发展坐标系的确立,制约着中国画未来的走向。任何文化形式在每个时代都面临着新的问题、具有新的意义,因此我们必须重新理解和诠释,重视传统在此过程中的意义。当我们面对浩瀚的艺术传统,如何与传统对话?是进入传统,徜徉于其中、沉浸于其中而忘返,还是从传统进入当下、走向未来?这确实是当代艺术家需要面对的课题。

历史继承性是艺术发展的普遍规律。在人类历史上,一切思想成果都不是凭空产生的,一方面,它们是社会的经济、政治等客观因素所决定的,是各种客观因素的反映;另一方面,它们是在前人所提供的思想资料的基础上发展而成的。恩格斯说:"每一个时代的哲学作为分工的一个特定的领域,都具有由它的先驱者传给它而它便由以出发的特定的思想资料作为前提。"② 哲学的发展是这样,艺术的发展也是这样。十九世纪新古典

---

① 陈传席:《中国绘画美学史》,人民美术出版社,2009,第43页。
② 《马克思恩格斯全集》第三十七卷,人民出版社,1971,第489页。

主义代表、法国画家安格尔说:"请问著名的艺术大师哪个不是模仿别人?从虚无中是创作不出新的东西来的,只有构思中渗透着别人的东西,才能创作出某些有价值的东西。"① 明代倡导"南北宗论"的董其昌在谈到传统与创新的问题时亦曾提出"虽复变之不离本原,岂有舍古法而独创者乎",其阐明的道理是相同的。

对于古人的艺术作品,以往的鉴赏方式是走进作品所产生的时代背景,与古人对话。正如陈寅恪先生所说,要了解古人的学术,"必须要了解古人'所受的背景'和'所处的环境'"。与古人处于同一境界,才能真正了解古人的学说。西方美术史学家詹森在其主编的《艺术史丛书》的前言里说:"艺术里的意义问题,这一问题向我们模糊的感受挑战。艺术作品本身不能告诉我们它自己的故事。要了解它,要经过不断的探求,利用文化史上的各种资料,上至宗教,下至经济学的帮助,才能使它吐露消息。"② 德国浪漫主义哲学家施莱尔马赫认为,对历史传承物的诠释,我们必须深入到文本背后,到那个创作文本的"你"那里,与之"处于同一层次",并"比作者理解他自己更好地理解作者"。③ 只有把文本理解为某个生命过程的组成部分和某个个性的组成部分,我们才能理解该文本,最后使我们有可能比作者本人还更好地理解作品。因为我们可以在他的整个艺术创作的联系中,即在他的整个生活和时代中,理解他的某个作品,而作者本人却缺少这种概观。以这种方式来诠释古人的艺术,似乎更能接近其本意。但是,由于时间的维度,历史上的许多重要的信息往往在时间的长河中被洗刷得褪色,因而在我们对古人艺术解读的过程中,可能不自觉地加入了某些"谎言"也未可知,或许已经与古人艺术的真正意旨相去甚远。

德国当代哲学家伽达默尔反对以施莱尔马赫为代表的浪漫主义诠释学所强调的"理解是对原作品的复制或重构,同时又主张,解释者可能比作者还更好地理解作者的作品"。因为在伽达默尔看来,解释者不可能与作者处于同一位置,去原汁原味地复制原作品,诠释者与原作者之间存在不

---

① 王宏建主编《艺术概论》,文化艺术出版社,2013,第180页。
② 洪再新编著《中国美术史》,中国美术学院出版社,2000,第4页。
③ 〔德〕伽达默尔:《真理与方法》,洪汉鼎译,商务印书馆,2007,第276页。

可消除的差异，而这种差异是由于他们之间的历史差距造成的。伽达默尔说："时间不再主要是一种由于其分开和远离而必须被沟通的鸿沟……因此时间距离并不是某种必须被克服的东西。重要的问题在于把时间距离看成是理解的一种积极的、创造性的可能性。"他还说："真正的历史对象根本就不是对象，而是自己和他者的统一体或一种关系，在这种关系中，同时存在着历史的实在以及历史理解的实在。一种名副其实的诠释必须在理解本身中显示历史的实在性，因此我就把所需要的这样一种东西称之为'效果历史'。理解按其本性乃是一种效果历史事件。"[①]

伽达默尔认为，理解或诠释从来就不是一种对某个被给定的对象的主观行为，而是属于效果历史，即属于被理解的东西的存在。西方的接受美学正是受伽达默尔哲学诠释学的影响而产生的。"接受美学"使我们从另一个视角对前人的艺术作品有了一个全新的诠释，从而使人仿佛找到了"破解"古人艺术的另外一把"金键"，使观赏者脑洞大开。接受美学认为，对艺术作品的接受是一个无限创造的过程。艺术作品作为一个"文本"，其本身就是一个无限创造的"召唤结构"。

任何对传统的认识，对待传统的态度，都能引发后来者各种革新的可能性。传统是一座高山，是一座充满了智慧宝藏的高山。当面对这座山时，每位虔诚的艺术家都无法漠视它！问题是如何面对它，是艰难而勇敢地"翻越它"，还是"绕过它"，不同的方式决定了艺术家所看到"风景"的精彩程度，也决定了艺术家艺术境界的高低。

中国画作为一种文化的载体一直以来就存在着不同的理解与诠释。对中国画的理解和诠释离不开产生它的中国文化传统，离不开效果历史意识，而且要把主客体作为一个统一体联系起来；这里存在的不是"我"和"它"的关系，而是"我"与"你"的关系，并不断地发生着倾听与对话。中国画有几千年的发展史，继承中国画的传统应继承中国画的本源。中国画是以中国传统文化为母体的形象文化，是中华文化的迹化形式，继承传统是为了更好的发展，继承传统显然不能以复制古人的作品为终极目的。

---

① 〔德〕伽达默尔：《真理与方法》，洪汉鼎译，商务印书馆，2007，第424页。

因此，作为中国画的创作主体，必须具备中国传统的艺术素养，其创作应沿着中国画的文脉进行，不能偏离中国画的传统轨迹；然而，对传统的态度又应是开放的，在创作中把传统与现代有机地结合起来，具有效果历史意识，而这正是能够很好地理解和诠释中国画传统的最重要的条件。

民族的与世界的、传统的与现代的，在当今社会中，如何权衡，是摆在艺术家面前的一个重要的课题。对此，艺术家不应只成为问题的思考者，更应成为问题的一部分。这种选择也许能够体现一种最好的担当与解脱。

四　既要笔墨，又要现代

艺术是一种社会意识形态，是社会生活全面的、审美的反映；同时，艺术又是艺术家审美意识、审美情感的一种表现形态。总之，艺术的本质是实践基础之上的审美主客体的统一，是主客体相互作用的结果。那么，作为艺术创作主体的艺术家自然成为艺术创作的主宰，决定着艺术作品的命运！而艺术家作为社会中的一员，是在一定的社会制度和一定的民族文化影响下逐渐成长起来的，艺术家在其生命历程中，深受民族文化、民族性格的熏陶与影响。真正的艺术家无一不是在其民族文化素养的基础上积淀着民族之魂的。可以说，不同的民族文化、民族精神铸就了不同的民族之魂，也铸就了不同的民族艺术之魂。中国艺术受中国传统文化"体""用"关系的影响，主张"技道合一"，所以，中国画的"笔墨"不仅是指"形而下"器的层面，而且是指"形而上"道的层面。"笔墨"是技法，也是艺术家审美观念、审美理想与审美情感的表现形态，其中凝聚着民族精神、民族文化与民族魂。

艺术家在成长过程中不仅受传统文化的影响，同时，世界潮流、时代精神对艺术家亦具有深刻的影响，并可以直接渗透和灌注到不同的民族文化中去，从而使民族艺术在增添新的血液的同时产生新的表现形式与新的艺术风格。王国维曾说："凡一代有一代之文学：楚之骚，汉之赋，六代之骈语，唐之诗，宋之词，元之曲，所谓一代之文学。"[①] 任何文学体裁都

---

① 张艳瑾、杨锺贤：《唐宋词选析》，天津人民出版社，1985，"前言"。

是道的载体，其承载着民族的传统文化精神。但由于时代的变革，政治、经济、文化等因素的影响，文学创作的表现手法也在不断拓展。同样，作为文化载体的中国画，其内容与形式也必然会随时代的变化而不断发展，也必然会带有时代的烙印。

"笔墨当随时代，犹诗文风气所转。"其中，笔墨不仅是"形而下"的笔墨技法，也是笔墨语言所表现出的、经过艺术家的心灵感化了的自然——"人化的自然"，亦是笔墨所载之道。不同时代，由于政治、经济、文化等诸因素的差异，必然导致古人与今人对事物感受的大相径庭。石涛在其《画语录》中说："古之须眉，不能生在我之面目；古之肺腑，不能安入我之腹肠。我自发我之肺腑，揭我之须眉。"① 艺术作品是时代的产物，我们现在所处的是"信息化时代""数字化时代"，与过去的"农耕时代"相去甚远！当下，由于全球化和我国社会结构的转型，各种思潮并存，"新思"与"旧见"相生相克，中西交汇、古今碰撞。在这种大的社会文化背景中，必然会带来艺术上的革新，必然带来中国画的移步换形！然而，任何创新都是建立在传统基础之上的，是对传统、对时代"知"与"思"的结果。对于传统，应把握传统之精神，应站在整个文化视野的高度，"以大观小"，在整个民族文化的背景中，来感悟中国画的美学特征，体悟中国画的造型规律，把握中国画的"核"、中国画的精神，而不只是"师古人之迹"，而不知"师古人之心"。如果只知克隆、模仿古人的外在形式，那只不过是抄袭古人的躯壳，缺少的是艺术作品的灵魂——民族精神和时代精神。这自然违背了艺术创作的规律。

艺术是时代的产物，每个时代的艺术必然带着那个时代的烙印，如同著名画家姜宝林先生的艺术主张——"既要笔墨，又要现代"。在姜先生的作品中，时代精神与民族精神铸就其中，形成了其独特的艺术风格。艺术当随时代，然而在现代形式的背后所体现的艺术的主体精神——对真、善、美的追求，对"天人之际"的探求却是永恒的。他的老师陆俨少先生曾引用《文心雕龙》的一句话概括姜先生的艺术："酌奇而不失其真，玩华而不坠其实。"这种体、用的辩证关系一定源自于艺术家对人、社会、

---

① 韩林德：《石涛与〈画语录〉研究》，江苏美术出版社，1989，第207页。

自然及宇宙相互观照后的深刻体悟。

  在多元文化背景的当下，作为一名中国画家，不但要具备深厚的民族文化底蕴，而且要具备现代的国际文化视野。只有这样，才能在中国画的创作实践中，充分体现"民族精神"与"时代精神"。这也正是"既要笔墨，又要现代"的要旨所在。

（责任编辑：楚洋洋）

苦心孤诣证自信
——晚清以来中国文化保守主义再检省

孙成竹*

摘 要：晚清以来，当中国文化在现代性际遇中不得不为自己的存在做辩护时，文化保守主义者关于"中体西用"文化观的执守与嬗变，捍卫中国本位文化的主张，以及挺立中华文化主体性的探索，可谓苦心孤诣。中国文化的当代重建无法回避对这一文化景观的不断审视与检省。

关键词：中国文化保守主义 中体西用 中国本位文化 文化自信

人是文化的存在，文化与民族共存亡。晚清以来，当中国文化在现代性际遇中不得不为自己的存在做辩护时，文化保守主义者苦心孤诣证自信，勇敢地以中国文化托命人的身份，直面并追索中国文化的生命之根中含蕴的现代性因子，以及中国文化的现代脸谱可能具有的独特魅力。其勇气、情怀和担当令人涕泣动容。作为近现代中国独特的文化景观，保守主义者倾力呵护和精心培育中国文化之生命，期冀重塑中华文化的主体性。显然，中国文化的当代重建无法回避对这一文化景观的不断检省。

一 中体西用：保守主义文化"体用"观的执守与嬗变

晚清以来，伴随中国现代性在"三千年未有之变局"中的骤然启动，中

---

* 孙成竹（1969～），哲学博士，山东省委党校哲学教研部副教授，主要研究方向为马克思主义哲学。

国文化保守主义①应运而生。显然，保守主义之"保守"可以在"守旧"的意义上加以理解，但视为"落后"却极为不允。保守主义者沿用传统的"体""用"范畴阐发中国文化的形上理想与形下致用，旨在寻求中国文化自我更新的可能之路。"中体西用"正是其苦心孤诣求自信的文化选择。

面对陌生而强势的西方文化，早期保守派（洋务派与改良派——笔者注）不得不沿袭"为我所用"的权宜之计，即以"器"的变通谋求"道"的稳固——"取西人器数之学以卫吾尧舜禹汤文武周孔之道"（薛福成：《筹洋刍议·变法》）。此即为张之洞最乐道之"中体西用"论。这基本奠定了百余年中保守主义者文化体用观的基调。虽然这一基调总是伴随中国现代性的深入而不断流变，但对中国本位文化的信念却固若金汤，毫不动摇。"中体西用"的文化观之所以广受诟病，乃源于其"立辞未妥"："南皮（指张之洞——引者注）说中学为体，西学为用，其意甚是，而立辞似欠妥，盖自其辞言之，则中学有体而无用，将何以解于中学亦自有经济考据诸学耶？西学为有用而无体，将何以解于西人本其科学哲学文艺宗教之见地与信念亦自有其人生观、宇宙观？理解所至，竭力赴之，彼自有其所追求与向往之深远理境，非只限于实用之知识技能耶！且无用之体，与无体之用，两相搭合，又如何可能耶？故南皮立辞未妥也。"②洋务派之所以"立辞未妥"，一是民族危亡的骤然而使其不得不做出更具功利主义的选择；二是阶级与时代的局限，这恐怕是更为深层的原因，也是洋务派自身无法克服的。明末徐光启的文化箴言——"欲求超胜，必先会通"（《徐光启集》卷八），在洋务派那里不唯无暇实施，而且也为其眼界所不及。尽管与其后的保守主义相比，洋务派、维新派对现代性的了解的确显得肤浅，譬如，张之洞在《劝学篇·外篇·会通第十三》中指出：中学为内学，西学为外学；中学乃治心之学，西学乃应试之学；旧学为体，新学为用，不可偏废。洋务派的"中体西用"论虽然更多地囿于中国传统文化的视野和表达方式，也缺乏全面的文化比较和缜密的哲学论证，但它所开启的基本方向

---

① 此处泛指晚清以来，主张以捍卫中国本位文化为基础，进而融合中西文化，重建中国文化的文化流派。洋务派与早期改良派、国粹派、学衡派、东方文化派以及现代新儒家的文化主张大体上都属于这一流派。

② 熊十力：《读经示要》，上海书店出版社，2009，第6页。

和格调在文化保守主义的谱系中不可或缺，理应得到足够的重视。

辛亥革命以后，保守派在捍卫中国传统文化本位的基础上，对中西文化的异质性形成愈加客观而深刻的体认。他们基本不再使用诸如"本末""体用"等范畴和术语，骨子里却沿袭"中体西用"的理路，继续文化重建的深度探索，其所昭示的文化问题的复杂性，仍需今人认真对待，兹举梁漱溟与辜鸿铭为例简述之。

梁漱溟从文化的规定——文化即生活之样式，展开其东西方文化与哲学的比较。他认为中西文化的差别在于二者本着不同之"意欲"展开其路向：西方是身体——理智的，在人与自然关系上用力，故近代科学与物质文明发达，是为"第一路向"；中国是人心——理性的，在人与人之关系上用力，故在人伦精神上见长，是为"第二路向"。究其实，这种分殊源于"宗教问题"。"宗教问题实为中西文化的分水岭。中国古代社会与希腊罗马古代社会，彼此原都不相远。但西洋继此而有之文化发展，则以宗教若基督教者作中心；中国却以非宗教的周孔教化作中心。后此两方社会构造演化不同，悉决于此。周孔教化'极高明而道中庸'，于宗法社会的生活无所骤变（所改不骤），而润泽以礼文，提高其精神。中国逐渐以转进于伦理本位，而家族家庭生活乃延续于后。西洋则以基督教转向大团体生活，而家庭以轻，家族已裂，此其大较也。"① 在此，不能说西方文化优于中国文化，就文化本身发展而言，二者各有其短。西方因理智过盛、"集团生活"而难以企及人生态度上的成熟；中国则因理性早启、文化早熟而陷于"盘旋不进"，因而，当下中西文化都处于重建的十字路口。于西方是如何移进于"第二路向"，于中国是在保守周孔之教的前提下弥补"经济进步"，以期"第二路向"之真正完成。文化重建就是特定文化传统在其历史性此在中开出当代新文化，所以任何"虚无"化自家传统的选择在逻辑上将无法自洽，在实践上亦将陷于幻想。在梁漱溟看来，只有在中国文化传统的坚实根基上，才可以真正吸取西方"德先生"和"赛先生"的精神，否则新文化将成为不结果实的花朵。需要指出的是，梁氏关于中西文化之异质的追溯并不完全符合历史事实。实际上，中西文化的分殊早

---

① 梁漱溟：《中国文化要义》，上海人民出版社，2011，第 50~51 页。

在"轴心时代"已见分晓。按照雅斯贝尔斯的理解,公元前800年至公元前200年,是人类文明的"轴心时代"。"轴心时代"发生的地区大概是在北纬30度上下。这段时期是人类文明精神的重大突破期。其间,各个文明都出现了伟大的精神导师——古希腊有苏格拉底、柏拉图、亚里士多德,以色列有犹太教的先知们,古印度有释迦牟尼,中国有孔子、老子……他们提出的思想原则塑造了不同的文化传统,也一直影响着人类的生活。

辜鸿铭认为,文明作为精神的圣典,是"美和智慧"[1]:"所有的文明都始于对自然的征服,比如通过征服和控制自然中令人可怖的物质力量,使得它们不能危害人类。今天,现代欧洲文明已经连续成功地征服了自然,而且必须承认,至今没有任何其他文明能够达到这一点。但是,在这个世界中,还有一种比自然中恐怖的物质力量更为可怕的力量,那就是人心中的激情。自然的物质力量能够给人类带来的伤害,远远比不上人类的激情给人带来的伤害。"[2] 教养和人生观乃评判文明程度之标准。因而,"真正的文明的标志是有正确的人生哲学"[3]。辜氏于中西文化之根本差异多有见地,他固执地相信孔孟之道既是复兴中国文化的源头活水,又是医治世界文化危机的良方:"当兹有史以来最危难之世,中国能修明君子之道,见利而思义,非特足以自救,且足以救世界之文明。"[4] "欧洲人在战后会在中国这里找到解决文明大问题的办法……因为他具有欧洲人在这次大战之后需要的某一新文明的秘密,这样一种新文明的秘密就是我所谓的好公民的宗教。"[5] 可以说,围绕人生观而展开的"科玄论战"实质上不过是对中国传统文化与现代化这一总体性问题的再度咀嚼。由于论战双方对中国文化传统与现代化均缺乏深度体认而未能给出建设性主张。

保守主义文化体用观的"别开天地"是由现代新儒家完成的。现代新儒家不遗余力地固守和重塑文化传统,使保守主义的文化体用观臻于圆融。其中,熊十力的贡献最大。熊十力在中西文化激荡和中国社会急剧变

---

[1] 辜鸿铭:《辜鸿铭文集》(下),海南出版社,1996,第309页。
[2] 辜鸿铭:《中国人的精神》,陕西师范大学出版社,2011,第13页。
[3] 辜鸿铭:《辜鸿铭文集》(下),海南出版社,1996,第304页。
[4] 辜鸿铭:《辜鸿铭文集》(下),海南出版社,1996,第229页。
[5] 辜鸿铭:《中国人的精神》,陕西师范大学出版社,2011,第18页。

迁的刺激下，由佛入儒，找寻"人生固有之根蒂"。他说："余之学儒学佛，乃至其他，都不是为专家之业，而确是对于宇宙人生诸大问题，求得明了正确之解决。"①　"体用不二"是其文化观的基本内核。熊十力认为，"体""用"乃二而一：本体现象不二，道器不二，天人不二，心物不二，理欲不二，动静不二，知行不二，德慧知识不二，成己成物不二，"人心与天地万物本通为一体，故圣学非是遗天地万物而徒返求诸心，遂谓之学也"②。就是说，"体"乃"用"的"流行"，舍"用"无以求"体"。"翕辟成变"是"体"的展现，即"用"之"流行"的法则③："是即体即用也。夫用外无体，体外无用……用也者，一翕一辟之流行不已也。"④　由于出佛而入儒，熊十力的"流行"观因而出离于佛家生灭无常的所谓"反人生之倾向"。他说："本论谈变，明示一切行都无自体。此说与佛说诸行无常旨趣相通，而实有天渊悬隔在。佛说一切行无常，意存呵毁。本论则以一切行，只在刹那刹那生灭灭生，活活跃跃绵绵不断的变化中。依据此种宇宙观，人生只有精进向上，其于诸行无可呵毁，亦无所染着。此其根柢与出世法全不相似也。"⑤　显然，熊氏之体用观活跃着"生生不息""刚健有为"的品格。现代性的外在楔入给民族文化生命的影响是刻骨铭心的。中国文化心态由"自大"到"自卑"的急剧畸变便是其一，早期文化保守派的权宜之计——"中体西用"就是这种畸变的微妙体现。到熊十力这里，文化上的自觉和自信仿佛重新树立起来，"体用不二"的文化观及"内圣外王"的新阐发不仅给出了"科学"与"民主"的生成之可能，而且理直气壮地宣布了中国文化绵延与复兴之大势。

陈寅恪先生则从历史的角度指认"中体西用"乃华夏文化固有之传统。在文化派别的归属上，陈寅恪先生无疑属于广义的文化保守主义者，面对现代性的外在楔入，他以其特有的史家视野，有理有据地给出了中国文化的可能出路。譬如，1919 年，陈先生曾对吴宓说："宋儒若程若朱，

---

① 熊十力：《新唯识论》，商务印书馆，2010，第 137 页。
② 熊十力：《原儒》，中国人民大学出版社，2009，第 8 页。
③ 熊十力：《新唯识论》，商务印书馆，2010，第 276 页。
④ 熊十力：《新唯识论》，商务印书馆，2010，第 276 页。
⑤ 熊十力：《体用论》，上海书店出版社，2009，第 9~10 页。

皆深通佛教者，既喜其义理之高明详尽，足以救中国之缺失，而又忧其用夷变夏也。乃求得两全之法，避其名而居其实，取其珠而还其椟。采佛理之精粹以之注解四书五经，名为阐明古学，实则吸收异教。声言尊孔辟佛，实则佛之义理，已浸渍濡染，与儒教之宗传，合而为一。"① 有鉴于宋代新儒家的形成，陈先生在《冯友兰〈中国哲学史〉下册审查报告》中指出："在吾国思想史上，……真能于思想上自成系统，有所创获者，必须一方面吸收输入外来之学说，一方面不忘本来民族之地位。此二种相反而适想成之态度，乃道教之真精神，新儒家之旧途径，而两千年吾民族与他民族思想接触史之所昭示者也。"② 以陈先生之意，"旧瓶装新酒"和"中体西用"乃中华文化之固有传统。正是在这种含摄、吸纳和推陈出新中，中华文化绵延流变，生生不息。如此看来，文化激进主义的自卑自哀与急躁焦虑，多少显得有失体察。由是观之，陈氏在誓死捍卫学术独立和思想自由，倡导"为学术而学术"的背后，又承袭了中国传统士人强烈的忧患意识和现实关怀，为文化中国的百年之殇苦心孤诣证自信。正如余英时所说，"陈先生一生的学术工作可以说都与现实密切相关"。他之所以"喜谈中古以降民族文化之史"，正"显示出他所关切的是中国文化在现代世界中如何转化的问题。所不同者，他从不肯像其他学人一样，空谈一些不着实际的中西文化的异同问题。他只是默默地研究中古以降汉民族与其他异族交往的历史，以及外国文化（如佛教）传入中国后所产生的后果，希望从其中获得'历史的教训'"③。

二 捍卫中国本位文化：保守主义者重建中国文化主体性的时代使命

在中国传统文化的现代转换中，保守主义者对中国文化民族性与时代性的艰苦求索，呈现为文化体用观上的某种"三一式"结构，即"道器一体"—"中体西用"—"体用不二"，其中心意旨是捍卫中国本位文化，以期开出别样的中国现代新文化。

---

① 吴宓：《吴宓日记》第二册，生活·读书·新知三联书店，1998，第102~103页。
② 陈寅恪：《陈寅恪集·金明馆丛稿二编》，生活·读书·新知三联书店，2015，第284~285页。
③ 余英时：《陈寅恪晚年诗文释证》，东大图书公司，1998，第20页。

在保守主义看来，中国文化的"生生"品格使其能够化育现代性的外在楔入，进而重建一种现代新文化。因而，"反求诸己""自强不息""厚德载物"的文化品格是中国传统文化现代化必须保守的精神之根。晚清以来，以"力"见长的西方文化破门而入，救亡图存成为刻不容缓的头等大事。在特定历史条件下，"力"之于民族之存亡具有决定意义。在现代性以刀剑之强"力"的威逼中，取西方之长来补己之短，就成为"力"短之民族救亡图存之所必需。其中，儒家传统是否应该保守，以及在多大程度上保守，成为焦点中的焦点。文化保守主义者对中国文化传统的理解，经历百余年的积累和沉淀后，在现代新儒家那里最终得以圆融。不同派别的文化保守主义者在以下问题上达成共识。一是中西文化各有所长。梁漱溟先生认为：东方文化擅长向内用力，以理性见长；而西方文化擅长向外用力，以理智见长（冯友兰的认识似乎是个例外）。中西双方彼此吸取对方所长来补己之短，是实现中西文化重建的必经之路。二是传统文化现代化不是推倒一切而重来，它必须立足于自身文化传统。保守主义者坚持儒家传统不可撼动，就是说，无论文化现代化的脚步到达哪里，儒家传统所塑造的"反求诸己""自强不息""厚德载物"的文化品格之君临地位不可改变。黑格尔有个比喻："绝对理念可以比作老人，老人讲的那些宗教真理包含着他全部生活的意义。即使这些小孩也懂宗教的内容，可是对他来说，在这个宗教真理之外，还存在着全部生活和整个世界。"① 如果说激进派是孩子，那么保守派则更像饱经沧桑的老人。在现代化千里跃进的时代，保守派的持守在理论上不失为一种智者远见。

相比之下，早期激进派则显得急躁而肤浅，不论是真正要求全盘西化，抑或只是出于策略，他们推倒传统，急于"拿来"的做法，无论如何是有欠清醒的。相反，保守派不仅看到了中国吸收西方因子以补自身"物质文明"之短的必要，而且深刻洞见了中国文化之老衰的征候，即某些"原初精神意义浸失，而落于机械化形式化，枯燥无味。同时复变得顽固强硬"②。因此，在文化保守主义者那里，中国传统文化现代化就不仅是融

---

① 〔德〕黑格尔：《小逻辑》，贺麟译，商务印书馆，1980，第423页。
② 梁漱溟：《中国文化要义》，上海人民出版社，2011，第271页。

西方科学、民主之精神于儒家传统那样简单，还应解决如何激活中国文化"原初精神"之活力的问题。这就触及中国文化现代化的复杂性。就保守派而言，传统文化的现代化之所以必须捍卫自家本位文化，原因有二。第一，本位文化之于文化生成的绝对价值。文化传统不同于传统文化，前者具有向未来敞开着的生成性品格，总是伴随文化的历史性此在得以重塑，而后者则具有现成性特征。第二，本位文化之于文化变迁的意义，在于保证特定文化传统在其历史性重塑中能够"是其所是"，正如儒学传统在经历汉代经学、魏晋玄学、宋明理学及现代新儒学而不断重塑后仍然保有其基本精神一样。在文化基因的意义上，本位文化构成文化"是其所是"的终极理由和根据。中西文化各有其本位，只是致思理路却截然有别：西方文化总纠缠于"为什么存在者存在"这一问题，它困扰了自巴门尼德到柏拉图、亚里士多德，直到海德格尔的几乎所有伟大哲学家。而中国文化只一句——"天地之大德曰生"[①]，问题就迎刃而解。

在现代性语境中，文化保守主义必须直面三个问题。

第一，中国文化的基本精神是什么？现代新儒家肩负起解决这一根本问题的重任。马一浮与熊十力皆重"六经治"，认为那里面承载着中国文化之生命，遂倾心阐发六经之微言大义。前者注重阐发六经之正义，后者则着力挖掘其中隐而未显的"民主精神"与"科学精神"；梁漱溟在会通中西的基础上，权衡中国文化之长短，以期找到文化重建的切入口。总体而言，现代新儒家对中国文化精神的体认及对中国文化生命的激发，尽管有理路与方法上的差异，其归宗的经典也各有所重，但其重塑中国文化主体性的用心却是相同的。正如郭齐勇教授所说，"熊十力的全部工作，简要地说，就是面对西学的冲击，在儒学价值系统崩坏的时代，重建儒学的本体论，重建人的道德自我，重建中国文化的主体性"[②]。

第二，中国文化传统是否具备现代性因子？现代新儒家致力于从哲学形上学方面论证中国文化具备现代性之因子，可以内在地开出民主与科学之花。熊十力新诠六经之义理，阐发儒学内圣外王之品格，驳斥中国无科

---

① 高亨：《周易大传今注》，齐鲁书社，1998，第418页。
② 熊十力：《新唯识论》，商务印书馆，2010，第429页。

学、无民主及中国人短于逻辑思维之妄见,① 申明中西会通之意义。他期望借助西学的激发,唤醒中国文化原本的现代性因子:"今日文化上最大问题,即在中西之辨。能观异以会其通,庶几内外交养,而人道亨、治道具矣。吾人于西学,当虚怀容纳,以详其得失。"② 马一浮也认为,"六艺者,即是《诗》、《书》、《礼》、《乐》、《易》、《春秋》也","此是孔子之教,吾国二千余年来普遍承认一切学术之原皆出于此,其余都是六艺之支流"③,"六艺……亦可统摄现在西来一切学术","若使西方有圣人出,行出来的也是这个六艺之道,但是名言不同而已"④。1958 年,牟宗三、徐复观、张君劢、唐君毅联名发表《为中国文化敬告世界人士宣言》⑤。《宣言》承认中国文化中缺乏西方之近代民主制度与科学,以及现代之各种实用技术,致使中国未能真正地现代化、工业化。但这并不意味着中国文化没有民主的种子,中国政治没有民主的内在要求,也并不意味着中国文化是反科学的,是轻视科学实用技术的。⑥ 身临现代性境遇,现代新儒家苦心孤诣求自证,从中国文化的自我理解和自我阐释中重新挺立起文化主体性,其根底之深厚,气魄之恢宏,胸怀之宽广,愿力之坚定,令人景仰!熊十力的"六经注我"常为人诟病。其实,那绝不仅是一种个人学术风格,更是中国文化在现代性境遇中倔强求生的自我关照。它护持的是文化生命的自性。这自性之光弥足珍贵,它试图匡正中国现代性的历史轨道,使其免于沉沦于西方"强力意志"的逻辑,正如张志扬先生所警示,"近代以来,中国在西方面前的衰败,使我们被西方的强盛所震慑,开始信奉西方的'斗争哲学'与'强权哲学',于是将我们自身天道所含有的'主从双修的中庸德性'当作软弱丢弃了,完全走上'知其白而不守其黑'的独大之路。或许我们能够强大了,但这是西方式的强大,其结果必将与西方与美国争一日之短长,或'你死我活'或'同归于尽'"⑦。文化保守主

---

① 熊十力:《原儒》,中国人民大学出版社,2009,第 11 页。
② 熊十力:《熊十力全集》第四卷,湖北教育出版社,2001,第 439 页。
③ 马一浮:《马一浮集》第一册,浙江古籍出版社、浙江教育出版社,1996,第 10 页。
④ 马一浮:《马一浮集》第一册,浙江古籍出版社、浙江教育出版社,1996,第 21~23 页。
⑤ 以下简称《宣言》。
⑥ 封祖盛:《当代新儒家》,生活·读书·新知三联书店,1989,第 28 页。
⑦ 张志扬:《西学中的夜行》,华东师范大学出版社,2010,第 157 页。

义者如此固执地挖掘中国文化传统的现代性因子,意在开出一条独特的中国现代化之路。其中深意,不可不究。

第三,中国文化将在多大程度上影响世界?晚清以来,国人挥之不去的文化自卑,犹如毒蛇发威,啃噬中国文化之躯体,摧折其精神,中国文化之生命几近垂危!文化保守主义薪火相传,其检省中国文化之病根,并在此基础上重塑文化之主体性。《宣言》指出,西方应学习中国文化的独特智慧与悲悯情怀,即"当下即是"的人生境界、"圆而神"的智慧、温润而怛恻的悲悯之情、使文化悠久之习性及"天下一家"之情怀,就像中国应向西方学习其民主精神与科学精神一样。姑不论这种主张能否引起西方的反省,但就其所彰显的文化自主与平等意识来看,已难能可贵。实际上,西方文化自有其纠偏的能力,即价值理性对工具理性的匡正,体现为由浪漫主义所开启,此后不断变换面孔而现身,当下呈现为后现代主义的文化思潮和生存方式。至于价值理性最终能否完成其使命,仍未可知。中国文化在这一过程中将产生多大影响,仍然取决于西方熔铸外来文化并自我锻造的能力。社会主义市场经济体制的推行将是中国学习西方之科学精神的难得契机,由此也必将为中国民主精神的培育准备条件。事实上,它对锻造中国文化生命的影响已初见端倪。余英时指出:"基于我们今天对文化的认识,中国文化重建的问题事实上可以归结为中国传统的基本价值与中心观念在现代化的要求之下如何调整与转化的问题。这样的大问题自然不是单凭文字语言便能完全解决的,生活的实践尤其重要。但是历史告诉我们,思想的自觉依然是具有关键性的作用的。"① 西方后现代主义与中国文化保守主义的某种视域融合,预示了后者与世界文化的某种对话。这种对话可能会为西方文化的自我反省提供难得的历史契机。中国文化对工具理性的高度警惕在先秦时期就已体现。道家之反"知"倾向在老子那里已是登峰造极,所谓"绝圣弃智",所谓"为学日益,为道日损"。庄子更是告诫人们:"有机械者必有机事,有机事者必有机心。机心存于胸中,则纯白不备。纯白不备,则神生不定。神生不定者,道之所不载也。吾非不

---

① 余英时:《文史传统与文化重建》,生活·读书·新知三联书店,2012,第430页。

知，羞而不为也。"① 儒家之"正德""利用""厚生"的中庸之道同样潜含着生命理性对工具理性的规范。西方后现代主义试图挣脱工具理性之桎梏的努力，与中国文化对工具理性的本能警惕有异曲同工之妙。但是，后现代主义已昭示出滑向另一种偏执而未自觉的迹象，这是令人忧虑的。

三 小结

中国传统文化的现代化，是在现代性外在楔入的历史条件下极为艰难地开始的。时至今日，前方仍然是漫漫长路。文化保守主义者在这一过程中扮演了并正在扮演着举足轻重的角色。他们薪火相传，后继有人。可以肯定的是，保守中国本位文化，确保中国传统文化现代化的价值根基，是保守主义对中国文化重建的最大贡献。

面对救亡图存的历史境遇，早期激进派迫于时势之压力，显然没有认真对待中国文化传统与现代化这一总体性问题就开出了药方。他们先是把传统批得体无完肤，然后急于在其废墟上植入西方的科学与民主。新生代的激进派则一改其前辈的急躁和莽撞，开始认真对待自身文化传统，揭示文化传统的生成性品格与中国传统文化现代化的内在关系。基于传统文化与中国现代化之间的历史冲突不可避免，他们企图通过置换文化的基因和内核，来重建中国文化传统，即以"西学"置换儒家传统，让后者只在"用"的层面发挥作用。李泽厚的"西体中用"就是此论之典型。他认为："如果承认根本的'体'是社会存在、生产方式、现实生活，如果承认现代大工业和科技才是现代社会存在的'本体'和'实质'，那么，生长在这个'体'上的自我意识或'本体意识'（或'心理本体'）的理论形态，即产生、维系、推动这个'体'的存在的'学'，它就应该为'主'，为'本'，为'体'。这当然是近现代的'西学'，而非传统的'中学'。所以，在这个意义上，又仍然可说是'西学为体，中学为用'。"② 在李氏看来，"西体中用"不失为改造中国文化传统的捷径，"改变、转换既不是全盘继承传统，也不是全盘扔弃。而是在新的社会存在的本体基础上，用新

---

① 《庄子》，山西古籍出版社，2006，第124页。
② 李泽厚：《中国现代思想史论》，生活·读书·新知三联书店，2008，第359~360页。

的本体意识来对传统积淀或文化心理结构进行渗透，从而造成遗传基因的改换。这种改换又并不是消灭其生命或种族，而只是改变其习性、功能和状貌"[1]。自由派学者甘阳表达了同样的看法："我们不能再把儒家文化继续当成'中国文化的基本精神'，而必须重新塑造中国文化新的'基本精神'，全力创建中国文化的'现代'系统，并使儒家文化下降为仅仅只是这个系统中的一个次要的、从属的成分……唯有这样才是真正光大中国文化的'传统'。"[2] 激进派的新生代学者们没有简单地推倒传统，而是主张在改造文化传统的基础上完成中国文化的现代化。而改造中国文化传统就是置换儒学传统的主体地位，待之以内在孕育出科学与民主的"西学"，使儒家传统仅在"用"的层面散发其人文关怀的芬芳。诚然，西方文化本身也无法逃避现代化的历史宿命，但西方现代文化是由其传统文化内在地孕育成熟的。作为文化基因的理性传统在这一过程中始终居于"本位"，这是不争的事实。相反，中国文化现代化却是在现代性外在地楔入的特定语境中开始的，历史没有给其提供自主地破壳新生的机会，从而造成中国文化的民族性与时代性的断裂。这是中国文化自晚清以来遭遇的最大尴尬。因而，弥合文化的民族性与时代性之间的断裂，就成为中国传统文化现代化的根本问题。在此，文化保守派和激进派似乎又回到了最初的问题，即如何对待文化传统，从而推动中国传统文化迈向现代化？按照激进派的理解，一种文化传统无论怎样被重塑都仍然是其所是，所以中国文化应该紧跟时代潮流，迅速完成现代化转变。保守派虽不否认文化传统的生成性，却认为保守自家本位文化，才是文化现代化的"正道"，才能确保中国文化是其所是。就此而言，两派求道之真诚，都令人万分感喟！中国传统文化的现代化将何去何从？这个问题的最终答案将取决于历史本身的充分展现。文化保守派和激进派之间持续百年的探索和争鸣将会极大影响这一历史进程的方向。无疑，文化保守主义者对中国传统文化的严肃反思，以及对自家本位文化的奋力捍卫，其意义将在不远的前方得以昭显。

（责任编辑：楚洋洋）

---

[1] 李泽厚：《中国现代思想史论》，生活·读书·新知三联书店，2008，第361页。
[2] 甘阳：《古今中西之争》，生活·读书·新知三联书店，2006，第63页。

文化自信：对传统伦理道德的一个检视

董 冰[*]

摘 要： 中华文明有深厚的道德文化资源，这是我们的宝贵财富和文化自信之所在。但是，我们也要敢于正视传统伦理道德存在的历史局限性，对其持反省和检视的态度，这也是文化自信的重要方面。我国传统伦理道德植根于血缘宗法等级社会，以道德为核心的"礼治"秩序对社会秩序的稳固和民族的存续起了重大的作用，但是，它所带来的道德本性和法律功能的异化也确为历史的事实。我们今天的道德和法制建设仍需要在理论上与实践上加以检省。

关键词： 文化自信 礼治 伦理异化 法律异化

自信，是对自我力量的一种确信，既是一种自我坚守，也是一种自我反省和自我突破的勇气。在当代中国，我们的文化自信不仅来自对五千年悠久道德文明的自豪，而且在于我们敢于正视传统伦理道德存在的历史局限性，而不是不加反省和检视地将其照搬于当下。在中国传统社会，伦理道德植根于血缘宗法等级制的社会结构，儒家思想的楔入使道德与法律结合于"礼"的治世之道中，道德与法律杂糅一体，混合不分。"礼治"尽管对社会秩序的稳固和民族的存续起了重大的作用，但是它所带来的道德本性和法律功能的异化也确为历史事实。

---

[*] 董冰（1982～），山东济南人，哲学博士，山东省委党校哲学部讲师，主要从事马克思主义哲学和制度与伦理关系研究。

一 儒家"以礼为治"

礼古体为豊,后合示与豊,意为祭祀活动的祭器,礼就是按照仪式做的意思,演变为中国传统社会一般的行为规范。正如钱穆先生所说,"'礼'本是指宗教上一种祭神的仪文",但是由于"中国古代的宗教,很早便为政治意义所融化,成为政治性的宗教了。因此宗教上的礼,亦渐变而为政治上的礼"。而"中国古代的政治,也很早便为伦理意义所融化,成为伦理性的政治。因此政治上的礼,又渐变而为伦理上的,即普及于一般社会与人生而附带有道德性的礼了"。钱穆先生认为,孔子较早地完成了礼由贵族向平民的推演,礼成为人们一般的生活习惯和生活方式,这种道德化的生存样态赋予中国文化极强的伦理色彩。① 而儒家思想的伦理要旨"归根结蒂不过是一部对受过教育的世俗人的政治准则与社会礼仪规则的大法典"。② 所以,礼不只是一些抽象的道德原则和道德精神,礼治也"断不是说仅凭一些抽象的伦理上道德上的原理原则来治世之谓",③ 礼仪三百,繁杂万分,它是一整套操作性极强的行为规范,几乎涵盖了传统社会生活的方方面面。

礼作为社会规范同时具有双重属性和性格,一方面,它崇尚德治,讲究教化,将礼教"内化为修己之道",④ 致力于捍卫和构建一个理想化的道德秩序,讲信修睦、崇和贵义、息争止讼、赏善罚恶是其制礼作乐所努力达到的最高目标;另一方面,礼绝不是文质彬彬的,它掌握着强有力的对违背礼的行为的惩罚手段——刑(法),礼教以刑为工具,"外化为治人之经",⑤ 可以"兴文字狱,诛心中贼,以理杀人"。⑥ 所以,礼常被称作"礼法",其本身是制度与伦理、法律与道德的混合物,不仅是道德化的法律,而且是法律化的道德。

"融国家于社会人伦之中,纳政治于礼俗教化之中,而以道德统括文

---

① 钱穆:《中国文化史导论》(修订本),商务印书馆,1994,第72~73页。
② 〔德〕马克斯·韦伯:《儒教与道教》,王容芬译,商务印书馆,1995,第203页。
③ 瞿同祖:《中国法律与中国社会》,中华书局,1981,第282页。
④ 曾振宇主编《儒家伦理思想研究》,中华书局,2003,第237页。
⑤ 曾振宇主编《儒家伦理思想研究》,中华书局,2003,第236页。
⑥ 梁漱溟:《中国文化要义》,学林出版社,1987,第17页。

化，或至少是在全部文化中道德气氛特重，确为中国的事实。"① 一言以蔽之，法律与道德杂糅不分是中国传统社会规范体系的文化特质。那么，这一文化特质是何以得来的呢？"从根本上说，中国人事事以道德为依归的泛道德倾向和态度，只能由'家'在中国古代社会和传统文化中的特殊地位得到说明；而'礼'之所以据有如此重要的位置，又正是因为，它是联结家国于一的惟一价值和规范体系，是中国古代社会家国合一的大一统格局的最好表征。"②

二 礼治是伦理本位的社会秩序

自先秦至汉初的儒法之争以儒家的胜利而告终。法家强调用刑一也，如商鞅云："所谓一刑者，刑无等级，自卿相、将军以至大夫、庶人有不从王令犯国禁乱上制者，罪死不赦。"韩非子有云："法不阿贵，绳不绕曲，法之所加，智者弗能辞，勇者弗敢争，刑过不避大臣，赏善不遗匹夫。""不知亲疏、远近、贵贱、美恶，……一以度量断之，才可为治。"③其平等、公正的价值理念甚至具有现代法治精神，但是这种面向未来的超前性终不符合中国传统社会经济、政治、阶级社会结构的实际，不若儒家从初创之时就深谙传统社会等级名分差等和人身依附、宗法之道。所以儒家思想凭借以"维护宗法关系及其等级秩序，确定和限制封建特权、调节宗族内外矛盾为中心的'礼教'"④成为国家正统，以"定亲疏、决嫌疑、别同异、明是非"（《礼记·曲礼》）的礼治构成传统社会的政治内核和实践。

首先，儒家的礼教、礼治更契合中国传统社会以血缘为纽带的亲情关系和家国同构的组织结构。就伦理道德的起源言之，血缘、亲情关系是其得以发生的人类学本体论根据。中国传统社会内蕴着极为稳定的要素，农业经济的封闭性、熟人社会的狭隘性以及宗法制度的压制性相互强化，家庭关系得以巩固，完好地保存保护着血亲关系，从而使伦理道德的力量长

---

① 梁治平：《寻求自然秩序中的和谐》，中国政法大学出版社，2002，第34页。
② 梁治平：《寻求自然秩序中的和谐》，中国政法大学出版社，2002，第34页。
③ 《商君书·赏刑》，《韩非子》卷二《有度》，转引自瞿同祖《中国法律与中国社会》，中华书局，1981，第283页。
④ 曾振宇主编《儒家伦理思想研究》，中华书局，2003，第237页。

盛不衰，以成伦理本位社会，因此抑制了宗教、法律等社会规范力量作用的发挥。

古代中国是早熟儿童，它处于生产力水平较低的阶段，基于征战、治水和组织农业生产的需要，产生了早期规模较大的国家组织。由于没有普遍的交往和社会分工，氏族内部的血缘关系、亲属关系非但没有被彻底破坏反而保留下来直接成为国家的组织方式，氏族中的显族成为统治者阶层，其他氏族成员则沦为被统治者。这样，"一种由人与人之间关系变化而非技术革命促成的文明，产生了一个按照变化了的人际关系而非地域原则实行统治的国家"。① 这是一种怎样变化了的人际关系呢？其实就是"国家已脱去氏族的躯壳，并且按照地域的原则施行统治，但是另一方面，它不但把家族（仍然不是现代意义上的家庭）变成一个基本的社会单位，而且把治家的原则奉为治国的准绳。于是，家的兴衰与国之兴亡又变得息息相关。这正是二千年来中国古代社会的一项根本特征，也是汉唐文明由青铜时代继承下来的最大遗产，甚至我们可以大胆地说，中国古代文明的基本性格即便不正好是由家国合一的传统中得来，至少与它有极为密切的关系"。②

家庭是最适合农业社会的组织单位，它对中国传统社会来说至关重要，具有经济、政治、教育等绝大部分社会功能。"就农业言，一个农业经营是一个家庭。就商业言，外面是商店，里面就是家庭。就工业言，一个家庭里安了几部织机，便是工厂。就教育言，旧时教散馆是在自己家庭里，教专馆是在人家家庭里。就政治言，一个衙门往往就是一个家庭；一个官吏来了，就是一个家长来了……"③ 人之生老病死，无不依赖于家庭，家庭生活是中国人第一重要的生活。可以说，只要认识到家庭、家族在中国传统社会各领域中的核心地位，就可以解开中国传统文化之谜。

家庭的血缘关系按一定规则——在中国传统社会主要为父系——延伸出去即是家族。一个大家族由若干个小家庭构成，积家而成国，最大的家族就是"国"。父子关系为人际关系的主轴，这使以后基于此的全部社会

---

① 梁治平：《寻求自然秩序中的和谐》，中国政法大学出版社，2002，第14页。
② 梁治平：《寻求自然秩序中的和谐》，中国政法大学出版社，2002，第18页。
③ 梁漱溟：《中国文化要义》，学林出版社，1987，第12页。

文化自信：对传统伦理道德的一个检视

关系就有了上下等级的意义，而且不得相易。在家为父子，在国为君臣。国君同时为一国之父，臣民皆为国君之子，这样，国家即按照家庭、家族的管理原则组织起来。

萧萐父先生认为，《史记·自序·司马谈论六家要旨》中"列君臣父子之礼，序夫妇长幼之别，虽百家弗能易也"即是对儒家独特贡献的切实概括，这一概况表明，儒家思想的精深大义和宏旨"乃是宗法伦理关系及其所产生的宗法伦理意识，由宗法家庭的道德行为规范推广到宗法等级制的礼法名教等社会政治规范"。① 儒家思想不仅是一种人文价值和精神资源，而且较早地与国家政治相结合，成为社会规范、风俗、礼仪和制度，更积淀成为中国人异常坚固的心理结构，是中国人日常的行为方式，以致"百姓日用而不知"。

其次，儒家的礼教、礼治与中国传统社会的差序格局和等级秩序相吻合。中国家族社会的结构是一种差序格局，具有伦次，也就是父上子下，长幼有序，不同于西方人讲求个体平等的团体格局，因此西方人团体之间的界限极为清楚，譬如家庭仅包括太太和未成年的孩子。中国的家庭则伸缩自如，没有清晰的边界，"'家里的'可以指自己太太一个人，'家门'可以指伯叔侄子一大批，'自家人'可以包罗任何要拉入自己的圈子，表示亲热的人物"。② 每个人所面临的人际关系都由"我"这个中心向外推展出去，因而每个人在不同的时间和不同的地点所处理的社会关系是不一样的，所遵从的规则也迥然不同。在家族之内与家族之外是绝对不同的，一个人所选择的行为一定是由他所在的家族结构中的地位决定的，离自己越近，关系越淡薄。亲亲、尊尊、长长、男女有别，不同的人际关系是不能够混同的，人们采取不同的标准，个案地、情境化地处理事情，否则即是背理。所以，"在这种社会，一切普遍的标准并不发生作用，一定要问清了，对象是谁，和自己是什么关系之后，才能决定拿出什么标准来"。③ 那么，很显然，非人格化的、不讲情感的、具有抽象普遍性特征的法律是难以在这样的社会发生作用的，只能依赖适合不同情境的道德情感和价值判

---

① 曾振宇主编《儒家伦理思想研究》，中华书局，2003，第235页。
② 费孝通：《乡土中国》，上海人民出版社，2006，第34页。
③ 费孝通：《乡土中国》，上海人民出版社，2006，第21页。

断作为行为的依据。然而，尽管存在道德，但是中国人的道德观念中仍没有一个统一的根本性原则。譬如"仁"，它虽具有实体性的千差万别的内容却没有形式上的普遍公式，"仁"的内涵由不同的道德活动、道德实践主体和对象来诠释。

中国传统社会的关系不仅有亲疏，而且有贵贱，也就是等级。士农工商，劳心者与劳力者绝不只是社会的职业分工，而是代表人们贵贱、上下的分野和社会等级的差异。劳心者治人，其人和从事的工作都是尊贵的，他们可以毫无疑问地享受高官厚禄、华衣美食，乘车居厦；劳力者治于人，其从事的是生产、技艺或"洒扫应对之事"，这一类人是低贱的，只能食不果腹、粗衣菜食，居陋巷，以脚力行。儒家恰恰认为这种等级差别是极为正常的，能够维持这种差异才是理想的社会秩序，而礼便是维持这种社会差异的工具。①《礼记·乐记》记载："乐者为同，礼者为异。同则相亲，异则相敬……礼仪立，则贵贱等矣。"因此，儒家制礼作乐的最终目的是要通过"同"来实现"异"，即通过唤醒人们共通的道德情感来认同自己的社会角色，从而维持人们不同的社会名位。各安其分，则社会和顺。所以，瞿同祖先生说："断不能离开行为人的社会地位而言，离开社会地位，礼便无意义可言，无所谓合于礼义，或不合于礼义了。"②

当然，这样的社会所需要的组织原则既不是法律的也不是宗教的，而只能是伦理的、道德的。以血缘亲情为纽带建立起来的社会是不需要法律的。费孝通先生说，在乡土社会，法律是无从发生的，人们之间的信任并不来自契约，而是人们由熟识而产生的相互依赖的道德情感。"契约是指陌生人中所作的约定。……在契约进行中，一方面有信用，一方面有法律。法律需要一个同意的权力去支持。契约的完成是权利义务的清算，须要精密的计算，确当的单位，可靠的媒介。在这里是冷静的考虑，不是感情，于是理性支配着人们的活动——这一切是现代社会的特性，也正是乡土社会所缺的。"③ 但是，在乡土社会，"我们会得到从心所欲而不逾矩的自由。这和法律所保障的自由不同。规矩不是法律，规矩是'习'出来的

---

① 费孝通：《乡土中国》，上海人民出版社，2006，第30页。
② 瞿同祖：《中国法律与中国社会》，中华书局，1981，第277页。
③ 费孝通：《乡土中国》，上海人民出版社，2006，第170页。

礼俗。从俗即是从心"。"乡土社会的信用并不是对契约的重视，而是发生于对一种行为的规矩熟悉到不假思索时的可靠性。"① 这是儒家推崇礼乐道德教化的极高明之处。

同样，中国传统社会也不需要宗教。人类在文明之初大多倚赖宗教凝聚与统摄社会以建立秩序，"道德、礼俗、法律皆属后起，初时都蕴孕于宗教之中而不分"，② 而唯中国人家族生活偏胜，人们无须向外寻求寄托而在家族之内即可获得满足，较早地发展了道德与礼俗。辜鸿铭在谈到中国人的精神的时候指出，中国人没有宗教需要感，儒教不是宗教，但它作为一种哲学和道德体系给予大众与宗教相同的安全感和永恒感，并且保证社会的无限延续和持久。他认为，"这种东西就是孔子留给中华民族的国家信仰里对皇帝效忠的神圣责任"，同时包括对父母的孝顺。③ 忠孝是一个中国人基本的行为准则，也是通行于天下的大道。黑格尔表达了同样的意思，他说："在家族制度的情形下，人类宗教上的造诣只是简单的德性和行善……中国人在大家长的专制政体下，并不需要和'最高的存在'有这样的联系，因为这样的联系已经包罗在教育、道德和礼制的法律、以及皇帝的命令和行政当中了。"④

这样，家族中的血缘亲情关系扩展到国家政治生活领域，成为宗法伦理规范的内在根据，使一切社会关系具有了道德色彩。"为人君止于仁，为人臣止于敬，为人子止于孝，为人父止于慈，与国人交止于信。"（《大学》）"父慈、子孝、兄良、弟悌、夫义、妇听、长惠、幼顺、君仁、臣忠，十者谓之人义。"（《礼记·礼运》）梁漱溟先生发人深省地指出："吾人亲切相关之情，发乎天伦骨肉，以至于一切相与之人，随其相与之深浅久暂，而莫不自然有其情分。因情而有义。"所以，对于中国社会来说，"是关系，皆是伦理"。但梁漱溟先生同时无不深刻指出："伦理始于家庭，而不止于家庭。"⑤ 而家庭正是中国社会关系止步之处，因此西方意义之个

---

① 费孝通：《乡土中国》，上海人民出版社，2006，第61页。
② 梁漱溟：《中国文化要义》，学林出版社，1987，第96页。
③ 辜鸿铭：《中国人的精神》，陕西师范大学出版社，2006，第74~78页。
④ 〔德〕黑格尔：《历史哲学》，王造时译，三联书店，1956，第174页。
⑤ 梁漱溟：《中国文化要义》，学林出版社，1987，第79页。

人及其权利无以产生，西方之自由、民主、法治无以生成。相反，"以道德代宗教，以礼俗代法律"（梁漱溟语）的道德治国模式成为中国传统社会有效的社会秩序安排。

三　以德为制：礼治下的道德建制与伦理异化

礼作为社会规范对人们的要求是道德的，伦理道德化为人们日用之规则则成礼俗。反过来，礼也成为人们道德养成的依傍，成为道德秩序形成的保障，途径有二："一、安排伦理名分以组织社会；二、设为礼乐揖让以涵养理性。"① 因此，中国的社会与政治即立基于伦理道德法则之上，政治就伦理化了。一切社会问题全都转化为道德问题，转化为个人的道德修养问题，在礼治秩序下伦理道德成为社会建制，这表现在以下两方面。

第一，安排伦理名分以组织社会。伦常、名分是家族本位社会最基本、最重要的社会关系原则，家族中的亲疏、尊卑、长幼之异比附到社会即是等级、贵贱、上下之别，因此，"所谓伦常纲纪，实即贵贱、尊卑、长幼、亲疏的纲要"。② 中国人将家庭伦理关系推广出去，使之成为组织社会普遍适用的原则。了解中国社会的人都知，位也，非礼无以别男女、父子、兄弟之亲，婚姻、疏数之交也。《春秋繁露》载，礼者，"序尊卑、贵贱、大小之位，而差外内、远近、新故之级者也"。《管子》曰："上下有义，贵贱有分，长幼有等，贫富有度，凡此八者，礼之经也。"在儒家那里，亲疏、贵贱之伦常既为天命之所系，为人类社会所固有，又强调礼仪、纲纪由圣人所定，是人类社会存续之必需。伦常的维系就由礼来完成，它既告诉人们应当秉持什么样的道德情感，也指导人们践履相应的道德规范。在中国传统社会的伦常关系中，"五伦"几乎涵盖了中国社会全部的社会关系，儒家的礼教体系臻于完善，人们之间的交往皆以此为参照，找到适切的行为依据。后来，汉儒吸收韩非的"三纲"思想，将"五伦"发展为"三纲"（君为臣纲，父为子纲，夫为妻纲），并将其纳入到礼法体系之中，人们之间的道德情感就逐渐转变为绝对的伦常义务，成为

---

① 梁漱溟：《中国文化要义》，学林出版社，1987，第108页。
② 瞿同祖：《中国法律与中国社会》，中华书局，1981，第278页。

一种"片面之爱或片面的义务"①，义务只就下对上而言，付出的一方永远是在下者（臣、子、妇）。君上臣下，为人臣须用敬，那么在行为上"八佾舞于庭""有反坫"都是大逆不道的非礼行为。父上子下、为人子应尽孝、子为父隐是为儒家所称道的德行，其他伦常关系莫不如此。

对于中国人来说，"伦理关系，即是情谊关系，亦即是其相互之间的一种义务关系。伦理之'理'，盖即于此情与义上见之"。②伦理关系由情生义，感情越深，承担的责任和社会义务也就越重。安排伦理名分的要旨正是在于确定社会的道德义务，而道德义务是联结中国人社会关系的根本纽带。在中国传统社会，家庭是最小的社会单位，个人只有作为一个家庭的成员才是有意义的。所以，家族身份对于个人而言极为重要，只有很好地事父事君，才能获得个人存在的意义和价值，个人的人格、尊严消融于强大的家族中。家庭义务对个人具有绝对的约束力，"他的文化理想告诉他，只有家庭及其延长物才是人生之初始和人生之终结，他必须为之竭尽全力"。③在传统社会中，有抱负的个人总是表现为给家族争取更多的社会资源，依赖他的家族成员越多，其社会地位也就越高。这可以很好地解释中国裙带关系为何如此盛行。黑格尔一语中的地指出了中国传统道德对道德义务的片面强调：

> 中国纯粹建筑在这一种道德的结合上，国家的特性便是客观的'家庭孝敬'。中国人把自己看作是属于他们家庭的，而同时又是国家的儿女。在家庭之内，他们不是人格，因为他们在里面生活的那个团结的单位，乃是血统关系和天然义务。在国家之内，他们一样缺少独立的人格；因为国家内大家长的关系最为显著，皇帝犹如严父，为政府的基础，治理国家的一切部门。④

个人自觉的道德要求演变为强制的行为规范和伦理教条，用以维护成为人性桎梏的宗法等级关系。它稳定了秩序却也禁锢了人，人的自我道德

---

① 韦政通：《伦理思想的突破》，中国人民大学出版社，2005，第12页。
② 梁漱溟：《中国文化要义》，学林出版社，1987，第80页。
③ 〔美〕许烺光：《宗族·种姓·俱乐部》，薛刚译，华夏出版社，1990，第164页。
④ 〔德〕黑格尔：《历史哲学》，王造时译，三联书店，1956，第165页。

意识丧失殆尽。到宋明理学成为正宗时，礼教和礼治对人性的戕害和对人们道德主体意识的贬损达到了顶点。罗国杰教授将"三纲五常""三从四德"等道德教条称之为"无主体性的道德规范的典型代表"。① 黑格尔对传统礼教的道德异化有着惊人的理解，他说：

> 东方世界在"道德"方面有一种显著的原则，就是"实体性"。我们首先看见那种任意被克服了，它被归并在这个实体性里面。道德的规定表现为各种"法则"，但是主观的意志受这些'法则'的管束，仿佛是受一种外界的力量的管束。一切内在的东西，如像"意见"、"良心"、正式"自由"等主观的东西都没有得到承认。在某种情况之下，司法只是依照表面的道德行使，只是当做强迫的特权而存在……东方人在法律中没有认出他们自己的意志，却认见了一种全然陌生的意志。②

第二，设礼乐揖让以涵养道德理性。梁漱溟先生认为，中国人文化早熟、理性早启。他所言理性非科学、物理之理，而是人反求诸己、省察内心的一种心思清明。此清明之心即是人的道德理性。

儒家以礼作为维持社会秩序的工具，但是如何保证人人守礼不违背礼的规范呢？在儒者看来，人心的道德养成、人的良善是一切行为的依据，道德的教化足以使人心向善。孔子曾说："人而不仁，如礼何？人而不仁，如乐何？"（《论语·八佾》）孟子说："舜明于庶物，察于人伦，由仁义行，非行仁义也。"（《孟子·离娄下》）因此，唤醒人性深处的道德良知和道德意识是历代儒者和道德先行者的重要任务，使民"无讼"、"有耻且格"、防患于未然的社会理想都可以通过道德教化以成，并不主张用法律和刑罚予以制裁。"舜耕历山"的典故不仅是对先民生活的历史记载和追溯，而且是先圣以德化民的成功案例③。在儒家那里，制礼作乐是施以道

---

① 罗国杰：《伦理学》，人民出版社，1989，第180页。
② 〔德〕黑格尔：《历史哲学》，王造时译，三联书店，1956，第156~157页。
③ "历山农人侵畔，雷泽渔人争地，河滨陶者陶器粗劣。舜往历山躬耕，一年而人让畔，舜往雷泽为鱼，一年而人让居，舜往河滨自为陶器，一年而河滨人所作的陶器都质地坚劳。"《韩非子》卷十五《难一》；《史记》卷一《五帝本纪》，转引自瞿同祖《中国法律与中国社会》，中华书局，1981，第290页。

文化自信：对传统伦理道德的一个检视

德教化的最主要方式，孔子一生所孜孜追求的就是建立一套行之有效的礼乐制度。

> 君子曰：礼乐不可斯须去身。致乐以治心，则易、直、子、谅之心油然生矣。易、直、子、谅之心生则乐，乐则安，安则久，久则天，天则神。天则不言而信，神则不怒而威，致乐以治心者也。致礼以治躬则庄敬，庄敬则严威。心中斯须不和不乐，而鄙诈之心入之矣。外貌斯须不庄不敬，而易慢之心入之矣。故乐也者，动于内者也；礼也者，动于外者也。乐极和，礼极顺，内和而外顺，则民瞻其颜色，而弗与争也；望其容貌，而民不生易慢焉。故德辉动于内，而民莫不承听，理发诸外，而民莫不承顺。故曰："致礼乐之道，举而错之，天下无难矣。（《礼记·乐记》）

礼乐教人在心之和顺与安宁，以此可得到稳定持久的社会秩序。马克斯·韦伯一语道破了儒家道德理性的和平主义本质，他说："儒教的'理性'是一种秩序的理性主义。"① 因此，中国人的道德观念是讲求"和"的，喜怒哀乐之情发于外，表现于行为无不符合中道原则，不偏执、不强暴。它孕育出中国人极为包容的生活态度，即孔子所说的"忠恕"，也就是孟子所说的"爱敬"，所以达到"无讼"的社会秩序成为中国人永恒的道德期许。这种道德理性是有着积极意义的，在中国传统社会的维系中，"无论父子、兄弟、夫妇，一切家族哀、乐、变、常之情，莫不忠诚恻怛，温柔敦厚。惟有此类内心情感与真实道德，始可以维系中国古代家族的生命，乃至数百年以及一千数百年以上之久……这便是中国民族人道观念之胚胎，这便是中国现实人生和平文化之真源"。②

当然，在现实人生中，实现心灵的宁静和清明、唤醒潜藏的道德意识需要借助礼乐以成之，但是依靠"修己"、内省的功夫确是道德理性的本然要求。曾子曰："吾日三省吾身：为人谋而不忠乎？与朋友交而不信乎？传不习乎？"（《论语·学而》）可见，在中国，最精深、最高明的学问是

---

① 〔德〕马克斯·韦伯：《儒教与道教》，王容芬译，商务印书馆，1995，第221页。
② 钱穆：《中国文化史导论》（修订本），商务印书馆，1994，第54页。

涵养德性的道德之学。但是在儒家那里，并不是所有人的德行修养都具有同等重要的意义，他们只信赖"在位者一二人潜移默化之功"和其"人格有绝大的感召力"，[①] 即圣人、君子、统治者的高明在于道德行为的自觉，克己复礼，他们的一言一行都具有道德表率的意义。因此，德治与人治在中国传统政治的语境里是互为表里的，德治是就"用道德进行治理"而言，人治是就"有德行的君主的治理"而言；德治强调德化的过程，人治偏重于德化者本人，德治与人治是"二而一，一而二"的。[②] 儒家把为政的道理转化为政者内心的道德修养。《论语·子路》曰："上好礼则民莫敢不敬，上好义则民莫敢不服，上好信则民莫敢不用情。"《荀子·君道篇》曰："君者仪也。仪正而景正。君者槃也，槃圆而水圆。君者盂也，盂方而水方。"《孝经》曰："陈之以德义而民与行，示之以好恶而民知禁。君上恪守德性与德行，百姓效仿守之即可成俗，不假外力而自然成习，天下归于道德仁。"

义则长治久安。中国古代理想的政治模式——王道正是出于此，"自天子以至于庶人，壹是皆以修身为本。其本乱而末治者，否矣"（《大学》）。修身意在修心，立德为立言、立功之本，意诚、心正之后才得以齐家治国平天下。孔子、孟子的治国思想即是重视统治者的道德修养。孔子在回答季康子问政时说："子为政焉用杀？子欲善而民善矣。君子之德风，小人之德草，草上之风，必偃。"（《论语·颜渊》）孟子则主张由统治者的"仁心"推出"仁政"，由内圣而达到外王。所以，作为帝王师，对统治者进行道德教化成为中国儒者一个非常荣耀的职业。

可见，在中国传统社会中，社会治理、治国大计被转化为道德问题、道德修养问题，积淀成为独特的社会道德秩序。老百姓具有德性（只在被动的服从与顺从的意义上被肯定）则易于治理，而统治者阶层只要为政以德，就可以用身体力行的道德实践达到天下人归之的安定局面。事实上，在中国历代王朝统治的更替中，帝王、官员中真正的道德君子少之又少，人治之"德"并未彰显，反而推向了人治主义的专制与极权。但是他们为

---

① 瞿同祖：《中国法律与中国社会》，中华书局，1981，第292页。
② 瞿同祖：《中国法律与中国社会》，中华书局，1981，第292页。

秦王朝刑法极为苛严却短命而亡的教训所警醒，又深谙道德礼乐教化极为高明的秩序功能，就悄悄地把它们糅合起来，以礼入法，用儒术的德化缘饰等级专制，从而使道德具有了法律制度一样的强制效力，而法律也获得了道德温情的外表。

道德外在化为具体的制度要求，这必将使道德逐渐走向自身的反面。道德是具体的、有特殊性和情境性特点的社会规范，以自律为主要的行为控制方式，把道德制度化就意味着把特殊性提升、抽象为普遍性和一般性的规则。儒家伦理的原生阶段①本为情境特征的道德主张，重视和肯定人的主体道德实践和实践智慧，但是随着儒者把修身之道扩展为治国之经，把对人性的教化应用于政治，以礼乐仁义德化天下，并用政治的力量加以强制推行，儒家思想的道德精神就被固化了。道德规范因脱离现实的人际关系而被架空，人的自我道德意识因服从于整体、家国而被空置。一旦道德被暴力胁迫推行，道德所依赖的自主、自立、自律的主体人格就会消失，人们就会为了免于惩罚而被迫遵守道德原则，道德的自律本性被伤害殆尽，道德就易流于"伪善"，即道德降格以求，趋向自身之为自身的反面。

四　以刑为法：法在礼治秩序中的异化

一旦伦理道德具备了强制性的面孔，它的力量就会延伸到社会的每个领域，那么法律发挥作用的空间就会被挤占，其本身也难有发展。中国古代的法非常简单，异化为刑，而且自秦汉至清两千年来历久不变，法律在传统社会中只具有工具性地位，辅助于道德礼教的目的和要求，实现社会的道德治理才是古代社会行政官员的重要职责。

伦理道德何以有了强制性的面孔？我们认为这正是由刑、法提供，通过法律的道德化得以实现的。在阐述法律道德化的过程之前，首先考察一下古代刑、法的起源与内涵是极为必要的。中国古代法绝不是西方意义上与个人权利、正义等相联系的私法、民法等法律概念，中国古代的法、律与刑互诠互注。

---

① 曾振宇主编《儒家伦理思想研究》，中华书局，2003，第234页。

《尔雅·释诂》曰："刑，法也""律，法也。"《说文》曰："法，刑也。"《唐律疏议·名例》曰："法，亦律也。"经书典籍以刑释法，有其深厚的社会背景与渊源。在古代中国，最早的时候并没有"法"，有的只是"刑"。氏族之间征战的频繁和战俘的大量获得，使当时的社会冲突极为尖锐，只有刑才能满足对外征战诛伐、对内镇压的需要，"故教笞不可废于家，刑罚不可捐于国，诛伐不可偃于天下"。所以，对于当时的社会，钱钟书先生说：

> 按兵与刑乃一事之内外异用，其为暴力则同。故《商君书·修权》篇曰："刑者武也"，又《画策》篇曰："内行刀锯，外用甲兵。"《荀子·正论》篇以"武王伐有商诛纣"为"刑罚"之例。"刑罚"之施于天下者，即"诛伐"也；"诛伐之施于家、国者"，即"刑罚"也……兵之与刑，二而一也。杜佑《通典》以兵制附刑后，盖本此意。杜牧《樊川文集》卷一〇《孙子注序》亦云："兵者，刑也。刑者，政事也。"[①]

这是中国人最初法的观念的起源，而以后的发展也仅仅是刑罚技术的发展和多样化，而没有突破"法为刑"的治理理念。对中国人来说，无论是违反了家族关系的法则还是国家的法则，都要受到或轻或重的对肉体的惩罚。

以刑释法侧重的是刑的暴力、惩戒与威吓等功能对人的行为的约束，因此它只具有手段和工具的意义，只是一种实现统治的权术而已，本身没有价值理性在其中。所以，儒者坚决否认仅仅依靠刑达致天下之治的可能性，而只在附属和服务于道德的方面承认刑、法存在的意义。然而，也恰恰正是因为刑、法只具有工具的意义，它才可以为任何目的所用。在古代中国，仅仅经历了一段时间的礼法、德刑之争后，法、刑就被礼、德巧妙地改造了，这是一次"双赢"。从汉初开始的儒法合流、以礼入法、德主刑辅、明刑弼教既改变了刑与法价值理性匮乏、不入中国以道德为主流的社会规范体系的境况，也使礼崩乐坏的伦理道德借助刑、法的暴力和强制

---

① 钱锺书：《管锥篇》（一），中华书局，1979，第285页。

性得以重构并获得普遍性，使原本是道德的规范具备了法的权威和职能。这是中国古代法一个绝大的秘密：道德的法律化与法律的道德化。"以镇压、恐吓为本的刑屈从于讲亲亲尊尊、长幼等差的礼，这就构成了中国古代法的独特形态。"①

在礼治秩序中，刑、法从属于礼、伦理道德，由道德决定，处于次要的、辅助的地位。法律道德化的过程可以表现在以下几个方面。

第一，刑、法所得以执行的原则是伦理的、道德的。除秦汉的法律外，中国古代历代的法典都由儒者来拟定，他们利用一切机会将儒家的思想掺杂在法律中，甚至是直接用儒家的概念表述法条，尤其是汉初儒家正统地位得以确立后，儒家伦理是法律等制度所能够援引的唯一合法的价值资源。正如瞿同祖先生所说，董仲舒"以《春秋》决狱，是以儒家的经义应用于法律的第一人"。②自此以后，儒家的经书典籍无不成为解释法律、判断案情的依据，人们的行为举止统统被归于善、恶两个道德范畴。譬如，海瑞作为一个杰出的行政官和司法官，他用以斟酌断案的标准是：

> 凡讼之可疑者，与其屈兄，宁屈其弟；与其屈叔伯，宁屈其侄。与其屈贫民，宁屈富民；与其屈愚直，宁屈刁顽。事在争产业，与其屈小民，宁屈乡宦，以救弊也。事在争言貌，与其屈乡宦，宁屈小民，以存体也。③

用这样的原则和理念来执行法律，是符合"四书"的基本精神的。在古代中国，儿子杀死父亲肯定要比父亲杀死儿子所受到的惩罚严重得多，因为它违背了子事父以孝的伦理原则。"不孝"是极为严重的罪名，子为父隐却是被大为宣扬的。

> 父子之亲，夫妇之道，天性也。虽有祸患，犹蒙死而存之。诚爱结于心，仁厚之至也，岂能违之哉！自今子首匿父母，妻匿夫，孙匿

---

① 梁治平：《法辨——中国法的过去、现在和未来》，中国政法大学出版社，2002，第88页。
② 瞿同祖：《中国法律与中国社会》，中华书局，1981，第313页。
③ 转引自黄仁宇《万历十五年》，三联书店，2006，第157页。

大父母,皆勿坐;其父母匿子,夫匿妻,大父母匿孙,罪殊死,皆上请廷尉以闻。①

统治者公开容忍人们相互隐匿罪过,以情代法,"原心定罪"是只有在道德与法律混淆不分的社会中才有的怪现象。

此外,古代法典在内容上多出自《礼记》,"礼加以刑罚的制裁便成为法律"。② 八议制度即是儒家所讲贵贱、上下有别的伦理要求在法律中的体现。议亲、议故、议贤、议能、议功、议贵、议勤、议宾八种人的犯罪行为处于一般司法机关的管理之外,只有皇帝才能裁决,而且贵贱不同,赏罚和轻重各有差异。"贵贱之服饰、宫室、车马、婚姻、丧葬、祭祀之制不同",这些也都分别被归入法律。③ 礼"七出三不去"的道德要求自唐代始归入律法,成为法律明定的离婚条件。如此等等,只要是礼所规定、容许的就是法律所容许的,是合法的,反之,就是应当禁止、加以制裁的。

第二,执政官、司法官的选拔标准是道德的。由于法律没有独立的地位,中国古代没有产生法律科学,也没有产生法律职业和专门从事法律工作的技术人员。司法官是由执政官兼任的,这一官僚集团是中国文官制度的产物,他们由科举考试选拔而来。而科举考试的定本正是在君权支持下不断发展的儒家思想,主要考察"四书五经"的大义。因此,他们接受的考试不是确认是否具备某种专业资格,而是要确定"你是否满腹经纶,是否具有一个高雅的人所应具有的思维方式"。④ 有这种思维方式的人即是具有道德理想和通晓道德礼仪的人,是具备符合统治阶层需要的生活方式的"文化人"。他们不需要有改造社会以使整个社会经济强盛的抱负,他们所做的就是引用经典中抽象的道德名目去裁处争执,用道德的名义掩盖实际的利害,发文褒奖孝子贤孙和正人君子,劝告人君涵养德行、选贤与能,在社会上提倡诚信、和顺,等等。这是一个"精神上的支柱为道德,管理

---

① 《汉书·宣帝纪》,转引自梁治平《法辨——中国法的过去、现在和未来》,中国政法大学出版社,2002,第20~21页。
② 瞿同祖:《中国法律与中国社会》,中华书局,1981,第321页。
③ 瞿同祖:《中国法律与中国社会》,中华书局,1981,第320页。
④ 〔德〕马克斯·韦伯:《儒教与道教》,王容芬译,商务印书馆,1995,第173页。

的方法则依靠文牍"的集权社会职责之所在。① 中国历史上有许多以德化民的贤吏、循吏、清官乃至所谓的"青天大老爷",他们虽掌握着生杀之权,却以德教为先,不肯"妄行杀戮","不教而诛",甚至以不施行教化而优先选用刑罚为耻。

> 仇觉少为书生,选为亭长,亭人陈元之母告元不孝,觉以为教化未至,亲到元家与其母子饮,与陈说人伦孝行,与《孝经》一卷,使诵读之。元深自痛悔,母子相向泣,元于是改行为孝子。②

不乱施刑罚,重视对民众的道德教化和行为改善,对社会秩序的和顺和政治的昌明是有着积极意义的,但是儒家重德化的治理模式存在的缺陷早已被法家清醒地看到,"有治人无治法,人存政存,人亡政亡"不可能带来社会的长治久安。③ 黄仁宇先生直陈了这一制度的缺陷:"以熟读诗书的文人治理农民,他们不可能改进这个司法制度,更谈不上保障人权。法律的解释和执行离不开传统的伦理,组织上也没有对付复杂的因素和多元关系的能力。"而即使是"个人道德之长,仍不能补救组织和技术之短"。④ 德教优先的治理思维带来的文化心理只能是对法律的漠视和寄希望于被"青天大老爷"拯救的奴化意识。

第三,刑、法的目的是实现对人们的道德教化。刑、法由道德决定,最终归于道德,即要履行道德教化的职能。譬如,案件审理的过程同时是公开进行宣教、教化的过程,"大堂则堂以下伫立而观者不下数百人,止判一事而事之相类者为是为非皆可引伸而旁达焉,未讼者可戒,已讼者可息,故挞一人须反复开导,令晓然于受挞之故,则未受挞者潜感默化,纵所断之狱未必事事适惬人隐,亦既共见共闻,可无贝锦蝇玷之虞。且讼之为事大概不离乎伦常日用,即断讼以申孝友睦姻之义,其为言易入,其为教易周"。⑤ 不仅庭审的过程是道德教化的最佳时机,而且诉讼的判词大都

---

① 黄仁宇:《万历十五年》,三联书店,2006,第59页。
② 转引自瞿同祖《中国法律与中国社会》,中华书局,1981,第291页。
③ 瞿同祖:《中国法律与中国社会》,中华书局,1981,第295页。
④ 黄仁宇:《万历十五年》,三联书店,2006,第157~158页。
⑤ (清)汪辉祖撰《学治臆说》,徐明、文青点校,辽宁教育出版社,1998,第51页。

可以列为道德文章的典范,它们大量援引古之圣贤的道德训诫,使用真实或虚构的感人至深的道德故事,目的就是以此为道德教育读本对大众施以教化,甚至连皇帝的诏书也不出仁义、忠孝、天理、人情等道德语言的字眼。举一例如下:

> 人生天地之间,所以异于禽兽者,谓其知有礼义也。所谓礼义者,无他,只是孝于父母,友于兄弟而已。若于父母则不孝,于兄弟则不友,是亦禽兽而已矣。李三为人之弟而悖其兄,为之子而悖其母,揆之于法,其罪何可胜诛。但当职务以教化为先,刑罚为后,且原李三之心,亦特因财利之末,起纷争之端。小人见利而不见义,此亦其常态耳。恕其既往之愆,开其自新之路,他时心平气定,则天理未必不还,母子兄弟,未必不复如初也。特免断一次。本厢押李三归家,拜谢外婆与母及李三十二夫妇,仍仰邻里相与劝和。若将来仍旧不悛者,却当照条施行。①

由此可见中国古代大量典章、制度的道德用意之深。法律、制度不仅为道德所操纵,而且由于道德与国家权力的优先结合,法律、制度为伦理道德所取代。在很大程度上,伦理道德把刑、法变为自己的"附庸",使之一直处于工具和手段的地位,由此法律失去了独立发展的空间,引经决狱、父子相隐、以情代法、原心定罪成为中国法律、政治领域独有的现象,司法官凭借自己对礼义道德的体悟、对情法的权衡和当时的情绪进行宣判,因而中国古代法律的独立地位始终没有确立,法律所要求的一般原则没有形成,法律科学和专门的法律职业也没有产生。尤其是在中国后来的历史发展中,刑、法非但没有对道德教化产生助益,反而成为"道德嗜血"的工具。针对印度的村社制和宗法制的生活方式,马克思说:"我们不应该忘记:这种失掉尊严的、停滞的、苟安的生活,这种消极的生活方式,在另一方面反而产生了野性的、盲目的、放纵的破坏力量,甚至使惨杀在印度斯坦成了宗教仪式。"② 中国传统社会的礼治即是如此,"礼"绝

---

① (宋)胡石壁:《因争财而悖其母与兄古从恕如不悛即追段》,《名公书判清明集》,中国社会科学院历史研究所宋辽金元研究室点校,中华书局,1987,第362页。
② 《马克思恩格斯全集》第九卷,人民出版社,1961,第149页。

对不是含情脉脉、文质彬彬的，礼也可以杀人，也可以很野蛮、很残酷。

总之，在由儒家思想统摄的传统社会，伦理道德成为"普照的光"，它不仅是重要的，而且是唯一重要的政治和社会活动。结果，被推崇到"至上"地位的伦理道德物极必反，异化为一种外在的强制，遂与自觉自愿的意志自由背道而驰，它凭借政治权力供给的暴力手段，无往不胜，无孔不入，完全控制了中国人的行为和生活。同样，处在道德强势下的法律由于与道德的杂糅畸变为刑，只具有刑罚手段的工具意义，失去了对普遍化、抽象化、一般化的法律原则以及形式完整、程序独立等体系化的追求，因此，法律越是在技术和手段层面上急于实现道德的实体内容，越是在目的和价值层面上背离道德的价值精神。在这种社会条件下，伦理道德与法律制度结合越紧密，它们产生的积弊也就越深，由此中国走上了伦理专制主义的道路。就中国社会发展的历程来看，这种传统的力量是相当顽固的，它延续了两千多年，甚至抵挡住了西方的坚船利炮。当下，伦理至上、道德与法律杂糅不分的传统思维在我们内心深处依然存在，一有合适的机会它就会付诸实行，造成危害，对此，我们今天的道德和法制建设仍需要在理论上与实践上加以检省。

（责任编辑：肖世伟）

基于文化自信的纠偏正伦
——论中华文化传统价值的创造性转化与社会主义核心价值观的树立

尹同君*

摘　要： 本文主旨在于提振中华民族文化自信，构建文明人伦基础。社会主义核心价值观是中华传统文化价值偏好修正的产物，是构筑当今中国文明社会的人伦基础。弘扬中华优秀传统文化必将促进中华民族伟大复兴，树立对中华文化的强大自信。同时，对中华文化树立高度自信的同时必须具有高度自觉和自强，中华民族要以道路自信、理论自信、制度自信和文化自信承载走向伟大复兴征途中应有的担当。

关键词： 价值偏好修正　社会主义核心价值观　文化自信

习近平总书记指出："中华优秀传统文化是中华民族的精神命脉，是涵养社会主义核心价值观的重要源泉，也是我们在世界文化激荡中站稳脚跟的坚实根基。"[①] 对于中华传统文化要辩证性继承，创造性转换，创新性发展。为了促进中华文化与当代社会相适应、与现代文明相协调、与世界文化趋势相契合、与全球优秀文化相融通，使之既保持鲜明的民族特色，又富于浓郁的时代精神，应该对中华文化传统价值偏好加以合理调整和创

---

* 尹同君（1966～），研究员，湖南衡阳市委党校、市行政学院、市社会主义学院教授、常务副校（院）长，美国加州大学圣荷西分校访问学者，美国西北理工大学和中国湘潭大学客座教授。

① 习近平：《在文艺工作座谈会上的讲话》，《人民日报》2014年10月15日。

造性转换，对人们的精神世界进行适当充实与完善，以文化自信凝聚文化自觉。

一　中华文化价值偏好分析

中华文化讲究仁爱原则、礼教精神、责任意识、社群本位、王道世界、礼教文化、合作政治、协同社群。与西方个人人权自由观的价值取向恰恰相反，在中华传统文化观念中，社群重于个人，秩序重于自由，责任重于权利，道德重于法律，民生重于民主，精神重于物质，家庭重于社会，和谐重于斗争，平等重于富裕，人生重于知论，今生重于来世。

第一，社群重于个人。中华文化的主流思想不强调个人性的权利或利益，而强调个人和群体的交融、个人对群体的义务，强调社群整体利益的重要性，认为个人价值不能高于社群价值、社会远比个人重要。在中国古代，尤其是对于士大夫而言，公私之辨非常重要，那时讲官员德行，主要看能否"以公灭私"，社会主张以天下社稷为重。

第二，秩序重于自由。这个对于不同的学派来说看法有别。法家把严刑峻法作为安国之策，只要秩序不要自由。儒家也强调秩序，它所提倡的礼教思想就说明了这一点，但不是不要自由，而是强调礼教约束下的"允执厥中"（《尚书·大禹谟》）、圆通融汇、进退裕如。道家思想提倡"无为而治"，认为自由比秩序重要，这种思想常常被边缘而式微。

第三，责任重于权利。与西方文化坚持个人本位的立场不同，中华文化主张人不是以权利之心与对方结成关系，而是以责任之心与对方结成关系。个人与他人构成关系时，不是以自我为中心，而是以自我为出发点，以对方为重，个人的利益要服从责任的要求。比如说，"孝"突出了子女对父母的责任，"忠"突出了尽己为人的责任，"信"突出了对朋友的责任等。

第四，道德重于法律。中华传统文化中，德治思想居于主流，道德比法律更重要。尤其是自汉代以来，儒家"德主刑辅"的治国思想得到历朝历代封建统治者的重视，并作为一项治国理政的基本原则被运用到实际的政治生活中。

第五，民生重于民主。儒家的民本思想主要包括两个层次的内容：一是"民为本",即肯定民众在政治生活中的根本地位和决定性作用,"民为邦本,本固邦宁";二是"以民为本",即要求统治者重民、爱民、养民、富民,这就是说要重视民生。① 在基本的价值取向上,儒家主张先富后教,孔子、孟子、荀子等都肯定这一点,《管子》有语:"仓廪实而知礼节,衣食足而知荣辱。"因此中华传统文化的民本基本上停留在民生而未达民主。

第六,精神重于物质。在中华传统文化里,物质不是不要,尤其是对于老百姓,要因民之利而利之,但精神气节被认为更重要。"不为物役""不以物害己,不以物挫志""贫不足羞,可羞是贫而无志""三军可以夺帅,匹夫不可夺志",均强调精神的重要性。

第七,家庭重于社会。儒家思想特别强调家庭的作用,家庭关系以独特的伦理道德来维系,讲究"入则孝,出则悌",下辈对长辈要孝敬,长辈对下辈要关心爱护,至于抚养和赡养的义务是理所当然应承担的。中国素有礼仪之邦的美誉,谦谦君子之风、温文尔雅之态,也是家庭教育的结果。

第八,和谐重于斗争。对必反其为,可是"仇必和而解",这正是儒家的方向。② 和谐可以说是儒家的终极关怀,它强调天人合一、保合太和、长久和谐。

第九,平等重于效率。儒家始终对文明有高度的肯定,但更重视公平和平等,《论语·季氏》有句话:"不患寡而患不均,不患贫而患不安。盖均无贫,和无寡,安无倾。"可以说,在儒家传统社会价值观中,认为平等比效率重要,也就是认为大家的平等比只有一部分人富裕更加重要,哪怕是平均物质水平再高,较低程度的不均等也不如低水平的均等。

第十,人生重于知论。我国先秦时期产生的哲学思想作为中华民族文化的"轴心",其思维方式、价值取向奠定了中华文化"重人生不重知论"(张岱年语)的哲学特质。③ 这一特质使中华文化与古希腊传统以来的西方文化相较而言,更加强调人的道德修养和人生意义,更加警惕技术异化带来的危险。

---

① 王利民:《儒家的民生思想及其现代意义》,《人民论坛(中旬刊)》2010年第5期。
② 陈来:《中华文明的核心价值》,《学习月刊》2015年8月8日。
③ 海英:《文化传承的样式》,《学习时报》2015年6月29日。

第十一，今生重于来世。这是儒家的入世态度，儒家是积极的现实主义者，强调要重视今世。① 不语怪力乱神，不信巫魅，做事谋生，应积极有为。

二 合理调整中华文化价值偏好

为什么要实现中华文化价值的合理调整和创造性转换呢？有三个目的：一要使中华传统文化与当代文化相适应，为提升中国文化软实力，建设社会主义文化强国服务；二要使中华传统文化与现代社会相协调，使中华传统文化真正成为推进改革开放和社会主义现代化建设的精神动力；三要用符合时代需要和大众口味的形式对传统文化做出新的"阐述"，并以人们喜闻乐见、具有广泛参与性的方式来传播传承。

怎样实现中华文化价值的合理调整和创造性转换呢？具体的要求应该是：义务自由并重，责任权利并重，道德法律并重，社群个人并重，精神物质并重，民生民主并重，家庭社会并重，和谐斗争并重，公平效率并重，人生知论并重。

第一，义务（秩序）自由并重。西方国家邻海的地理环境萌发了探索和冒险的精神，在价值取向方面往往追求个人自由和个性张扬。在中国古代发达的农耕社会，中原地区人口稠密，导致了价值取向讲究"稳定"和"秩序"。在强调开放、包容发展的当下，我们应该坚持秩序自由并重，既要维持社会稳定、国家安宁，实现有序发展，又要促进个体成长和个性发展，鼓励创新，激发社会活力。

第二，责任权利并重。一方面，古代文人士子那种"以天下为己任""天下兴亡、匹夫有责"忧国忧民的责任感和使命感，必须倡导发扬光大；另一方面，对于个人合法权益也应给予充分保障。不能片面强调责任而漠视公民的权利，要防止讲责任走极端而禁锢思想、助长专制、侵害人权，影响社会进步和发展。这是因为，社会发展的成果既然由人们创造，那么也应该由人们分享。

第三，道德法律并重。市场经济本身不能分辨善恶，容易出现一些违

---

① 陈来：《中华文明的核心价值》，《学习月刊》2015年8月8日。

反道德原则的交易，甚至有人把名誉、良心、权力和官位等当作商品与金钱进行交易。市场经济既呼吁道德能量的全力释放，又须臾离不开法治的保驾护航。既要维护基本的道德底线，用道德自律让市场主体筑牢诚信信念，也要树立守夜者（政府）的法制尊严，以违法成本让不法投机者心有所惧、行有所禁。

第四，社群个人并重。个人是社群的个人，离开了社群，不仅个人的道德理性和能力无从谈起，而且个人的自主性也无从谈起。社群由个人组成，社群的活力不能没有个人参与，社群的发展离不开成员的共同努力。因此，当今许多优秀的领导人十分注重两样东西，一个是团队精神，另一个是人本关怀。

第五，精神物质并重。物质与精神双重富有才是真正的富有，应该避免出现一边是物质富足，一边是精神荒芜。要强调精神气节，但也不能一讲精神就贬低对物质的追求，相反，我们还要鼓励大家通过正当途径和辛勤劳动去获得物质收益。我们讲必须坚持两个文明都要抓、两手都要硬，就是这个道理。

第六，民生民主并重。民主与民生犹如鱼水关系，民主是水，民生是鱼。可以说，没有民主，民生将会难以维持和发展；不关注民生，民主就会缺乏基础、失去支持，丧失生命力和存在意义。在我国，人民民主是社会稳定和谐的保障，发展民生是社会稳定和谐的动力。

第七，家庭社会并重。中国人往往以家庭为人生归宿，家庭是社会的基本单元，要重视发挥家庭在维护和稳定社会秩序中的作用。同时，也要重视优化政务管理，加强社会管理的基层组织（如街道社区、村镇）建设，发挥非政府组织的补充管理和正面的社会动员作用，让基层组织和非政府组织在社会治理中更好地发挥作用。

第八，和谐斗争并重。和谐并不意味着不需要或者是放弃斗争，许多情况下和谐恰恰是需要通过斗争来获取的，如对于腐败现象、腐败分子，需要铁腕除恶；对于发展中的困难和问题，需要努力排除；对于破坏国际秩序与世界和平的行径，就要善于、敢于斗争，等等。和谐与斗争之间存在辩证关系。

第九，公平效率并重。正如邓小平所说"贫穷不是社会主义"，经验告诉我们，那种对绝对平均的追求，甚至"只要社会主义的草，不要资本主义的苗"的片面做法，只会导致穷过渡、穷平均主义。现代社会既要讲公平，也要讲效率；既要重视平等，也要重视致富。讲究效率，就应该允许对财富增长的追求，鼓励大众创业、万众创新，允许一部分人先富起来；讲究公平，就应该先富带后富，最终实现共同富裕，如搞好扶贫帮困，社会政策要托底等。

第十，人生知论并重。我们应该辩证地对待道德与科技的关系，调适"重人生不重知论"的价值取向，以科技发展推动道德观念进步，以道德观念调整科技发展可能引致的负面效应，在文化与经济之间保持价值取向的平衡，形成科技、道德、文化和谐共生、协调推进的螺旋式上升的发展机制，促进和养成正确的人伦观念。

三 提振中华民族文化自信，构建文明人伦基础

（一）树立对中华文化的强大自信

中华优秀传统文化是中华民族的血液，是中华文明的根基，植根在中国人的内心，潜移默化地影响着中国人的思想方式和行为习惯，我们今天提倡和弘扬的社会主义核心价值观，就是构筑当今中国文明社会的人伦基础。

第一，社会主义核心价值观是中华传统文化价值偏好修正的产物。对中华传统文化必须注重"扬弃"和革新，注重吸收人类各种优秀、进步的文明成果，坚持洋为中用、开拓创新。社会主义核心价值观是对中华文化传统价值的合理继承和对其他文明成果的辩证吸纳，是中华优秀传统文化在现代社会的延续，是时代精神与民族精神、文化的世界性与本土性有机结合的产物，是传统与现代、世界文化与中国文化双向对流、相互渗透与包容融贯的结晶，其内容和要素体现了中华文化传统价值偏好的合理调整和创造性转换。

当今时代应该让崇德尚礼与遵纪守法相辅相成，构建起新型的经济、政治、文化、社会、生态文明"五位一体"的人类命运共同体。既要办好中国自己的事，又要担当应有的国际责任，要着力优化经济增长、健全法制生活、推进政治文明、繁荣文化发展。在中华民族有望实现伟大复兴的

当下,这是值得这一代人创造性努力的。

第二,弘扬中华优秀传统文化必将促进中华民族伟大复兴。习近平总书记指出:"一个国家综合实力最核心的还是文化软实力,这事关精气神的凝聚,我们要坚定理论自信、道路自信、制度自信,最根本的还要加一个文化自信。"① 《文化自觉文化自信文化自强——对繁荣发展中国特色社会主义文化的思考》一文指出:"我们的文化自信,不仅来自于历史的辉煌,更来自于当今中国的蓬勃生机,来自于未来发展的光明前景。放眼世界、审视自己、展望未来,世界的变化、中国的进步、人民的伟大创造为我们文化的繁荣兴盛提供了历史性机遇和广阔舞台,当代中国文化正展示出令人振奋、再现辉煌的良好势头。"②

英国著名历史学家汤因比指出:"中华文化的优秀传统和正面价值不但可以解决中国的问题,同时对全人类可持续的和谐发展也可以做出重大的贡献。西方无法引领人类未来文明,世界的未来在中国,中国应对人类文明尽更大的贡献。"③ 日裔美籍学者弗朗西斯·福山说:"不能低估中国进行深刻变革的能力。可以肯定的是,在可预见的未来中国对全球事务的影响力将不断增长。中国在'文革'之后的变化超出任何人的想象,而且中国在制度转变方面有着悠久的历史。虽说中国最近的经济和知识方面的进展主要还是追赶西方的形式,但是中国是个拥有很多优秀人才的大国。大多数西方人意识到了中国是一股新的驱动力,中国将成为世界局势的主要参与者。"

(二)对中华文化树立高度自信的同时必须高度自觉和自强

弘扬中华优秀传统文化已成为时代强音,从中央到地方,从学界到商界,从文艺到经济,从社区到家庭,从单位到个人,文化意识、文化追求、文化欣赏方兴未艾,并且中华文化随着中国国力的强劲而强势、和谐、快速地传播和融合到域外。对于恰逢其时的每一位中国人,特别是广

---

① 习近平:《在参加十二届全国人大二次会议贵州代表团审议政府工作报告时的讲话》,《人民日报》2014年3月7日。
② 云彬:《文化自觉文化自信文化自强——对繁荣发展中国特色社会主义文化的思考》,《红旗文稿》2010年第10期。
③ 〔英〕汤因比、〔日〕池田大作:《展望21世纪——汤因比与池田大作对话录》,荀春生等译,国际文化出版社,1999。

大知识分子，都要做盛世大写的文化人，要具有促进中华文化复兴的自觉和担当，并以文化自信增强道路自信、理论自信和制度自信。因此，中华民族要以道路自信、理论自信、制度自信和文化自信承载走向伟大复兴征途中应有的担当。

第一，要引导和促使公民做中华盛世有文化的人。怎样看待有文化呢？有文化并不等于有学历、有经历和有阅历。孔子说："君子不器。"作为君子，不能囿于一技之长，不能只求学到一两门或多门手艺，不能只求职业上发财致富，而应当"志于道"。在孔子看来，只有悟道，特别是修到天道与本心为一，才可持经达变，抱一应万，才有信仰，才能担当修身、齐家、治国、平天下的重任。这个道是什么呢？今天来讲，就是社会主义核心价值观，是对中华文化传统的价值偏好加以合理调整和创造性转换的成果。因此，真正有文化的人应该是这样的人：是对传统价值偏好经过合理调整后的中华文化产生认同自觉、理性接受、内心欣赏并引以为豪的人，能够既坚守自己的精神家园，又吸纳人类文明的优秀成果和正面价值。不能让公民堕入"有文化的野蛮人"和"精致的利己主义者"构成的文化"迷魂阵"。

第二，要引导和促使大众做推进和拥抱中华民族伟大复兴的文明公民。中华文明博大精深、源远流长，海纳百川，对世界各种文明兼容并蓄、博采众长，并为异邦所敬仰、钦羡。我们要成为推进和拥抱中华民族伟大复兴的文明公民，我们的学校和家庭教育、社会舆论、团队引导、组织管理，都要尽力培养具备这样修养即具有基于自省的自尊、基于自尊的自觉、基于自觉的自强、基于自强的自信、基于自信的自在、基于自在的自由的公民。

第三，要培养有文化素养和修德崇伦的公务员。台湾著名文化人龙应台说过："我们这个社会，需要的是'真诚恻怛'的政治家，但是它却充满了利欲熏心和粗暴恶俗的政客。政治家跟政客之间有一个非常重大的差别，这个差别，我个人认为，就是人文素养的有与无。"① 公务员由于占据特殊的行政资源，其言行特别是职业行为对社会的影响特别广泛深远，且

---

① 龙应台：《我们为什么要学习文史哲?》，《南方周末》2011年10月2日。

其在健康人伦的结构中占据特殊的关键点位，所以对公务员的管理特别是对各级领导干部的文化素养和文明伦理规范的培养是一个非常现实且严肃的课题。因此，在干部教育培训工作中，各级党校、行政学院、社会主义学院以及其他教育机构一定要更加重视用传统文化优秀资源提升干部文化修养，使他们明确中华文化的精神特质及未来担当，真正让文化修养与人伦思想成为领导干部的道德之根、人格之魂、智慧之源。

（责任编辑：杨鑫磊）

新时期我国社会价值观念变化及应对路径研究

梁齐伟*

摘　要：我国社会价值观念新变化具有自己的特点、内涵及规律。这种变化既具有客观必然性，又是对意识形态领域的重要挑战。在价值观念的新变化中，我们的应对对策和方法选择有得有失，应对价值观念的新变化务必创新路径和措施。

关键词：社会价值观念　变化　应对路径

社会价值观念从宏观角度说，是社会文化体系的内核和灵魂，代表着社会的价值标准和价值导向；从微观角度说，价值观念是人心中的价值信念系统，在人们的价值活动中发挥着行为导向、情感激发和评价标准的作用。价值观念的新变化既包括社会价值观念又包括个人价值观念的变化。

一　新时期我国社会价值观念新变化的基本内容

新时期我国社会价值观念的变化主要是与全球化、现代化相适应，与我国改革开放、市场经济和社会发展相适应而产生的。从类型和内涵上看，人们价值创造活动的领域决定了价值观念的类型，人们价值创造活动的内容决定了价值观念新变化的内涵。这里主要从经济活动价值、政治活

---

* 梁齐伟（1980~），吉林白城人，同济大学马克思主义学院思想政治教育专业博士生，现任职于同济大学浙江学院，主要从事思想政治教育理论与实践研究。

动价值、文化活动价值、社会发展活动价值和创造价值的人的价值几个方面阐释价值观念内容的新变化。

一是经济价值观念的新变化。积极的主要是：改革开放观念、改革是生产力的观念、科技是第一生产力观念；市场主体观念、市场体制观念、市场秩序观念、资本和实力观念、劳动本位观念；信息、契约、竞争和功利观念，金钱、效益、效率观念，新集体主义观念，为己利他观念，交往关系、公共关系和社会关系观念等价值观念或确立或增强或张扬。消极的包括极端利己主义的损人利己观念、个人本位观念、拜金主义金钱第一观念、投机取巧观念、实用主义观念、势力观念、不正当竞争观念、资本无道德观念、不诚信观念等或发生或存在，由此引发了以权谋私、违法乱纪、假冒伪劣、坑蒙拐骗等社会问题。

二是政治价值观念的新变化。主要是与中国特色社会主义和共产党执政相联系的观念，如：政党政治观念，政党先进性观念，执政合法性观念，共产党执政本质观念，人民至上观念，共产党执政与人民当家做主的观念，为民执政、民主执政、科学执政观念；政治体制改革创新观念、公共政府和公共权力观念、服务政府和政府服务观念、责任政府和责任行政观念；新型公民观念，新型民主、平等观念，新型自由和规范观念，政治参与观念，社会主义法制观念，社会主义公民权利、责任观念等价值观念的确立、增强以及发展。消极方面包括信念信心缺失、信仰危机、崇拜西方观念，等级观念，身份观念，权力观念，地位观念，统治社会观念，官本位观念，拜权主义观念，依附观念，与民争利观念，依法治民观念，政治虚无观念等或抬头或兴起或存在。

三是文化价值观念的新变化。积极方面包括文化开放和文化安全观念，文化交流、交锋观念，文化交融、包容观念，先进文化观念，民族文化的自信和自豪观念，文化产业观念，文化消费观念，文化竞争力观念，文化软实力观念，文化凝聚力观念等价值观念的确立及其发展。消极方面包括腐朽文化、文化商品化、娱乐文化、庸俗文化中价值导向的扭曲、倒错问题。

四是社会发展价值观念的新变化。积极方面包括社会安定有序观念，社会发展公共性观念，社会发展责任观念，社会公平、正义观念，共同富裕观念，绿色 GDP 观念，环保观念，社会全面发展、科学发展、健康发展、和谐发展、可持续发展观念，以及每个人自由而全面发展观念等价值观念的确立和发展。消极方面包括社会发展进步评价标准的经济化、金钱化、物质化，忽视精神文明的片面发展，社会精英评价观念以及社会发展价值评价人民主体的弱化，社会发展的不协调、不平衡问题，贫富差距拉大的问题等。

五是人的价值观念的新变化。积极方面包括求善、求美、求时尚、求幸福、求快乐、求优雅生存、关爱他人、救难助弱的人性人权价值观念；讲自尊、自励、自警、自律观念，尊严、尊重、励志人格观念，宽容团结、互助协作、人际和谐观念等人格价值观念；渴望人的交往关系的丰富、人的自强、自立、自我完善和发展的观念，人的能力本位观念，人的自我价值和社会价值观念，人的成才成功观念，服务人民奉献社会的人生价值观念等价值观念的确立及其发展。消极方面主要有：漠视他人、漠视生命价值，见义不为、见难不帮甚至见危不救，厌世、混世等。

上述价值观念的新变化积极方面均从不同角度证实了社会的发展和时代的进步，消极方面则彰显了我国社会存在的一些值得注意的倾向性问题。

二 新时期我国社会价值观念新变化的特点、规律和趋势

1. 价值观念新变化的特点

改革开放以来我国价值观念的新变化，从特点上看有以下几个方面。

一是多元化。价值观出现了从一统到多样的趋势，由此造成了多种不同性质价值观念并存的局面。在共时态上价值观念的多元并存，既引发了价值的冲突，同时也引发了不同价值观之间的激烈冲突，造成了对社会主义主导价值观的冲击，使一部分人出现了价值虚无、价值观念困惑和价值选择无所适从的状况。

二是复杂性。中国社会正经历着价值观的深刻嬗变，同时存在着多种复杂的处在变化中的价值观念因素，可以说是一个新旧因素并存、传统与现代交织、东方与西方汇流、进步与落后较量的复杂局面，各种价值观念彼此缠绕、相互碰撞，造成了人们观念上迷茫和行动上的混乱。

三是矛盾性。中国社会中存在的价值观念面临着传统与现代、落后与先进、中国与西方、旧的与新的等一系列尖锐的矛盾和冲突，如主导价值观与主流价值观的矛盾和冲突；一元价值观与多元价值观的冲突；个人本位与社会本位价值取向的冲突；个体价值观内在的灵与肉的矛盾与冲突；市场经济活动中道义和利益的冲突。

四是易变性。中国社会及其价值观念都面临着"变革"和"建设"的双重任务，"新旧交替""完善发展"的动态变化是其常态。在历时态上，我国社会的价值观念变革的总体走势和发展方向是除旧布新、推陈出新，实现从传统的或过去封闭僵化的价值观念向与改革开放、市场经济和社会科学发展相适应的新型价值观念的转换。

2. 我国社会价值观念新变化的规律和趋势

改革开放以来，价值观念的新变化是有规律可循的，其趋势是对立统一、辩证否定的过程。

价值观念的新变化规律和趋势诸如：价值取向由单一型向多元化趋势发展，即从一元到多元，再到一元与多元的互动和谐；价值主体的定位从整体价值、群体本位向个体价值、个体本位偏移，再到整体与个体的融合统一转变，即个体自由与整体和谐，群体、集体与个体的有机统一；价值选择的导向从道义导向到利益导向再到道义与利益的有机统一即义利统一；价值目标的设计是从偏重精神价值到偏重物质价值再到物质价值与精神价值的并重；价值目标的实现手段从"泛政治化"到"泛经济化"，再到经济与政治的协调发展与共进；价值目标实现的考量从侧重公平、忽视效率，即收入分配上的"裁高补低""普遍贫穷"到效率优先、兼顾公平，即收入分配的拉开差距让一部分人先富，再到突出公平、重视效率、调节过大差距，"补低追高"，实现共同富裕；价值实现的境界从理想主义转向现实化、实用化，从追求崇高到追逐世俗，再到崇高与世俗的共存、理想与现实的结合；如此等等。

三 新时期我国社会价值观念变化的客观必然性及其挑战

对于我国社会价值观念的新变化，既要看到它具有随着社会变化而变化的客观必然性，同时也要看到这种变化本身又是对执政党意识形态工作的重大挑战。

1. 价值观念新变化具有客观必然性

改革开放、市场经济、全球化必然带来利益关系的调整、社会关系的变迁和社会结构秩序的转型，而这恰是社会价值观变迁的主要动力和动因。

利益主体的多元化必然带来价值观念的多元化，它较之改革开放前价值观念一元化的一统天下无疑是社会的进步。市场经济必然重视微观市场主体的主体意识和个体价值，较之计划经济体制下用整体价值统辖乃至泯灭个体价值，是有重要的社会进步意义的。市场经济的求利性必然重视金钱的价值、效率效益价值、功利价值等，较之不言金钱、效率效益的价值而重视出身、身份的年代下的经济模式更具有进步性，即使出现人际关系的实用、功利和势力，较之"以阶级斗争为纲"的人际关系也具有现实性和可理解性。改革开放、市场经济和全球化必然带来传统与现代价值观的交织与冲突、带来中国与西方价值观的交汇与碰撞，而这恰恰是时代价值观建构、建设的途径和条件。

2. 价值观念新变化是对意识形态工作的重要挑战

一是价值观念多元化、多样化的新情况，对执政党的主导价值观导向提出了挑战。多元化、多样化的价值观念的存在，对主导价值观冲击本身就是对我们过去已经习惯了的一元价值观主导局面的挑战。传统与现代价值观的交织与冲突、中国与西方价值观的交汇与碰撞，是执政党当下价值观念建构面对的新情况和新挑战。把握和处理一元价值观和多元价值观、整体价值观与个体价值观、理想价值观与世俗价值观、精神价值观与物质价值观等对应的张力关系，对于我们的执政党价值观的冲突调控是艰巨挑战。

价值观念新变化的消极方面的应对对于执政党更是挑战。应对在价值观念的新变化中产生的诸如拜金主义、极端利己主义、个人主义、小团体主义、享乐主义、虚无主义等消极腐朽的价值观念，我们执政党既要坚持尊重差异、包容多样的原则，不能像过去那样搞大批判和群众运动，又要适时有效地遏制消极腐朽的价值观念失控和价值失范现象泛滥。如何有理有力有度地运用科学的价值分析方法，引导全社会确立积极向上的价值观念，需要执政党创新价值观调控、价值观建设、价值观培育的方式。

二是对主导价值观与主流价值观的矛盾交错的处置，是对执政党价值观调控工作有效性的一大挑战。主导价值观，就是一个社会占主导或统治地位，对社会其他价值观的发展方向和根本走向具有引导和规范作用的价值观。主流价值观，则是指一个社会大多数民众所信奉，或者说对社会大众有较强影响力的价值观。主流价值观与主导价值观之间的关系，一般有一致、矛盾、对抗等多种表现形式。对主导价值观与主流价值观矛盾和交错的处置，实现主导价值观与主流价值观的一致，防止主导价值观与主流价值观的冲突和对抗，使主导价值观变成主流价值观，即主导价值观被社会大多数民众认同，是对执政党价值观调控工作有效性的一大挑战。

三是时代价值观建构是对执政党价值观建设中创造性和创新性的挑战。如何实现一元价值观与多元价值观的良性互动、整体价值观与个体价值观的有机融合、理想价值观与世俗价值观在当下的时空共存、精神价值观与物质价值观实践中的并重，都需要发挥执政党的创造性。

如何应对传统与现代价值观的交织与冲突、中国与西方价值观的交汇与碰撞，特别是如何应对西方政治价值观的迅速渗透、经济价值观的全面涌入、文化价值观的大举进入及其对中国特色社会主义主导价值观的挤压和冲击，发挥主导价值观在社会生活诸领域的渗透力、影响力和导向作用，都考验着执政党价值观建设的智慧。

四　新时期我国价值观念变化应对对策和方式方法选择的得失分析

在我国社会价值观念的新变化中，我们的应对对策和方式方法选择可以说有得有失。

1. 应对对策效果不理想的问题和方面

一是主导价值观控制的方法低效甚至出现负效应。改革开放早期，我国主流媒体采用控制的方法规范价值观的多元化多样化，不能说没有效果，但是效果低微，甚至产生了逆反的负效应。

二是对多元化多样化价值观的存在和冲突采取放任的做法，曾引起社会价值和价值观的混乱。我国的主导价值观曾出现过集体"失语"，对多元化多样化价值观的存在和冲突听之任之、放任自流，不仅使既往的主导价值观导向失灵，甚至引起人们价值观的迷茫和混乱，引发社会价值选择的倒错和价值行为的失范。

三是价值观导向运用大批判的方法往往引起价值心理逆反。我们一些宣传部门和大报大刊，过去习惯于旗帜鲜明、兴师动众、轰轰烈烈的大批判，解决人们的价值失衡和价值迷失问题，但是事与愿违，一些错误的价值行为选择反倒大行其道，迅速蔓延开来。

四是带有形式主义的发动群众方法华而不实，成效甚微。诸如一些创建活动，写在纸上、贴在墙上、画在街上、挂在嘴上，轰轰烈烈，场面热闹，劳民伤财，虽然有一定效果，但是效果短暂，甚至产生反感和怨气。一些所谓"节""纪念""祭奠"活动，大场面大气派，规格很高，领导出席、明星捧场，价值导向模糊甚至荒谬。

五是空洞说教的方法使价值观教育受众心生厌烦，教育效果不佳。我国学校的学生教育和党的干部教育简单化、教条化、空洞说教的价值观教育问题，以往解决得不是太好，多作为知识性、考试性和课程安排的教育，与受众的价值观改造和价值观培育联系不紧，效果不尽如人意。

六是部分大众传媒对主导价值观念的宣传引导方式不当，甚至导向紊乱，导致主导价值观念边缘化、扭曲化。部分大众传媒对主导价值观念的传播宣传形式单一、语言枯燥，难以发挥其影响力和渗透力。新闻教育性节目强调服务人民奉献社会，而一些娱乐性节目却崇尚利己；舆论宣传弘扬文明和美德，有的电视剧和广告则鼓动野蛮和暴力，刺激欲望、倡导享乐，调动人们原始的庸俗和低级趣味。

2. 应对对策有效发挥作用的方式方法

一是对价值观的多元化、多样化，变控制的方法为调控与疏导结合的方法。社会价值观念的多元化、价值取向多维化所带来的新问题、新挑战就是如何处理好多种价值观念的关系和价值取向之间的取舍、平衡和协调。不同主体之间新旧传统、中西价值之间的价值观念冲突不可避免，一定意义上说，迷惘与困惑、怀疑与失落、混乱与冲突也是难以避免的。经验证明，观念控制的方法是不灵的，只有通过调控和疏导的结合，坚持交互主体性原则，把不同价值观放在一个平等交流的平台之上，才能将一个价值观念多元化的现代社会整合成全体社会成员拥有自觉认同的共同价值观念的价值共同体。

二是对于多元化多样化价值观的存在和冲突，变放任的做法为价值分析与正确导向有机统一的方法。多元化就意味着差异和冲突，当然不能放任多元化造成无政府状态来瓦解社会。只能通过对于不同价值观的价值分析，运用透彻的道理说服人，在承认和引导多元主体充分发展的基础上，通过加强和引导不同价值观念的联系和交流，通过社会主义民主和法制的健全化，通过弘扬爱国主义、民族精神、共同理想产生的文化凝聚力，使之发生共鸣，形成富有新的时代特征的全民族共识和共同的价值理念。

三是价值观导向改过去大批判的方法为渗透和潜移默化的内化方法。价值观建设的创新精神中，增强价值观导向的吸引力、渗透力和影响力是关键。价值观导向不能急于求成，要细水长流。执政党要增强责任意识和使命感，贴近群众、贴近实际、贴近生活，不断增强主导价值观导向的艺术性、感染性和吸引力。价值观建设坚持马克思主义的批判精神但不一定要大批判，价值观建设要有开放精神、全球视野，要有包容精神、人文精神，才更能体现客观性、务实性和人性化，容易引起共鸣，发挥价值观导向的有效性。此外还要发挥好传统节日、革命节日、纪念场馆、博物馆、革命圣地和革命传统在主导价值观导向中深远的渗透力和潜移默化的影响力。

四是价值观建设改变形式主义和运动群众的方法，实施以党委、政府为主导，群众为主体并全员参与，责任到位、保障有力的主导价值观建构方法。这方面，可以借鉴山东莱州道德建设的做法。

五是整顿监督大众传媒，使之发挥好主导社会价值观念宣传的主阵地作用。规范宣传上的不良倾向，特别是教条化、空洞化、口号化和说假话的倾向；抑制一些大众传媒道德负面影响，遏制一些传媒的泛商业化、庸俗化、媚俗化倾向，保证导向的正确和主流化。

五　应对新时期我国社会价值观念变化需要创新路径和有效措施

1. 应对我国社会价值观念的新变化需要创新路径

社会价值观念发生作用就是使之主体化，内化为个人的行为规范，指导人们活动的诸领域和全过程。应对价值观念新变化的路径选择，即有效实现社会价值观念与个体价值观念的互动、和谐与共进，使二者的发展变化在同一水平上。就是使社会价值观念的积极变化主体化或者说人化，内化为个体的价值观念，促使个人价值观念的变化与社会价值观念的积极变化同步，也就是使主体价值观念社会化，认同社会价值观念的积极变化。

应对价值观念的新变化需要创新路径。就其应对过程和路径选择而言，主要体现在以下方面：一是融入人们社会活动的诸领域，即覆盖诸领域的方方面面；二是渗透在人们活动的全过程，即落实在每一个活动领域，自始至终；三是与人们的生产、生活、生存和发展的生命活动紧密相连；四是与群众工作、经济发展工作、政治参与工作、社会治理和协调等工作有机结合。

2. 应对价值观念新变化的有效措施

应对价值观念新变化的有效措施的选择，需要立在其先，需要立与治的结合。

首先，是重视和加强社会主义核心价值观立言和落地的专项研究。社会主义核心价值观建设和主导价值观导向有其特殊的重要性，必须高度重视、切实加强立言和落地的专项研究。

一是概括提炼社会主义核心价值观念。这项工作要经过哲学价值论研究专家奠定理论基础，向世界开放，在社会核心价值观的立言和落地方面借鉴他国；向实践开放，着眼于新的时代、新的实践和新的发展，要有熟悉社会生活诸领域的人们（包括专家和普通劳动者）提出相关领域的价值规范，激发价值观建设的内在活力，特别注重核心价值观构建的针对性、共识性；要有最广大的领导干部、专家学者和人民群众的充分参与、交流，挖掘价值观建设的创新精神，以利于价值观导向的有效性；要有权威部门公开、正式发布，彰显社会核心价值观念的权威性和正式性。

二是抓好社会主义核心价值观的落实。抓紧抓好领导干部、知识分子（包括教师）、私营企业主等群体的价值观的纠错和建设。上述群体地位特殊、影响面广，因此务必作为重要的课题提上日程，有规划、有措施地切实加以研究解决。具体思路有：提出以执政党为范，以政府即公务员特别是领导干部为范，以知识分子、社会精英为范；以领导干部、知识精英的行为引领与广大人民群众的自我教育的有机结合为主要的教育形式；为核心价值观念在社会生活诸领域和全过程的落地，逐步提供和完善制度、机制和程序的保障。

其次，加强消极紊乱价值观问题的治理。对于价值观及其取向的紊乱问题，要厘清是非善恶，具体分析、区别对待。对于消极腐朽的价值观，要旗帜鲜明地加以否定，消极腐朽的价值行为，要坚决、硬性取缔，以激浊扬清。对于价值观及其取向的紊乱问题的解决，不能局限于价值观领域，务必要与社会问题的解决密切配合、有机协调，特别是要辅之以硬性规范体系。

最后，重视价值观冲突的化解、疏导和调适。对于无益无害的价值观及其价值选择，要采取谅解、宽容的态度；对于有益无害的价值观及其价值选择，要采取理解、支持的态度；同时，要大力张扬和褒奖先进的价值观及先进层次的价值选择，以引导激励人们能在原有的价值选择层次上向更高的梯级迈进。价值观冲突的化解、疏导和调适要改变以往责任心不强、方法不适应的问题，并配合责任追究制，必须强调责任心和责任追究，相关领导和责任人，凡是工作不力的需要承担相关责任。

（责任编辑：杨鑫磊）

论文化霸权视域下的文化批判与重建
——葛兰西文化霸权理论的现代性思考

王 超*

摘 要：葛兰西的文化霸权理论是为确立无产阶级意识形态领导权而在文化领域建构的批判理论。这套理论基于西方资本主义现实合理性的事实，做出一种在资本主义环境下建构无产阶级文化霸权的构想，即通过"批判哲学""集体意识""有机知识分子""阵地战"等一系列概念和观念建构出具有划时代意义的文化霸权理论。对有机知识分子的重视，对文化霸权建构的长期性和策略性思考，对于构建社会主义文化自信具有重要的指导价值。

关键词：文化霸权 文化批判 有机知识分子

安东尼奥·葛兰西（Antonio Gramsci，1891～1937）是意大利著名的政治活动家、革命家和文化学者，意大利共产党的创始人和早期领袖之一，西方马克思主义的早期代表及"欧洲共产主义"的奠基人之一。葛兰西不同于同时代的具有学院风格的卢卡奇和科尔施，他不满足理论上的分析，而是以对国际共产主义运动的经验总结为依据提出具有很强现实性和实践性的文化革命理论——文化霸权①理论。围绕"文化霸权"概念，葛

---

* 王超（1982～），男，山东临沭人，哲学博士，山东省委党校哲学教研部讲师，主要从事西方政治哲学和行政伦理研究。

① 中文"文化霸权"一词是从意大利文"egemonìa"翻译过来。对于意大利文"egemonìa"的翻译主要有三种：分别为"领导权""霸权"和"文化霸权"。单从词义上来看，这三种译法都有一定根据。鉴于葛兰西本人将direzióne与egemonìa替换使用，且egemonìa在意大利语中是"霸权"的名词形式，更为重要的是葛兰西对该词的使用指的是让某一社会集团外的人"自愿"接受"领导"的过程，具有超出权力边界、向外延展势力、拓展范围之意，因此，将此翻译为"文化霸权"更为合适。

兰西提出"集体意志""市民社会""阵地战""有机知识分子"等一系列概念和观点来实现对政治、经济、文化霸权的总体性建构，客观上完成了西方马克思主义对意识形态问题研究的"文化"转向，将马克思主义文化理论的"政治革命范式"发挥得淋漓尽致。葛兰西"文化霸权"理论对文化的定性与研究，对20世纪的西方马克思主义理论的发展产生了深刻的影响，尤其是进入20世纪70年代以来，在西方文化研究和政治实践领域以及英国文化研究领域均产生了深刻影响，学界称之为"葛兰西转向"。①

一 文化霸权与文化批判

葛兰西的文化霸权理论是通过对比分析俄国十月革命胜利与之后欧洲革命失败的经验和教训而提出的。与其他理论家分析不同，葛兰西不是从革命的客观形势、具体条件、革命领导者决策等方面分析欧洲革命失败的原因，而是从东西方社会的结构差别入手来分析东西方国家性质的差别，提出西方资本主义社会之所以在重大的政治危机、战乱以及经济危机等灾难面前没有崩溃，甚至在较为成熟的无产阶级领导下的暴力革命中也没有失去领导地位，其根本原因在于俄国与其他西方国家在社会结构上存在着根本性的差异，即西方社会存在较为独立的市民社会（文化、伦理和意识形态活动领域），资产阶级不仅依靠暴力，而且还可以通过市民社会"霸权"来实现对国家的牢牢控制。为此，葛兰西提出自己的革命策略，即必须先在市民社会建立无产阶级的文化霸权，确立无产阶级的文化领导权，而后再实现政治上的霸权。

据考证，"霸权"一词来源于古希腊语"hēgemonia"，有领导、指挥、霸权的意思，常用来指来自别的国家的领导人或统治者，有的学者习惯将其翻译为"领导权"。19世纪以后，该词常常被用来指国与国之间的政治统治和控制，马克思经典作家更是扩大了它的内涵，主要用来描述阶级之

---

① "葛兰西转向"的英文有多种表述，如"Gramscian Turn"、"Gramsci's Turn"或"The Turn to Gramsci"，其本意是由伯明翰当代文化中心（简称CCCS）提出的，特指在大众文化研究领域的一次重要转向，即由原有的结构主义和文化主义的理论研究方式向葛兰西所开创的文化霸权的话语模式转向。本文借用这一术语特指葛兰西"文化霸权"理论所开启的马克思主义意识形态理论的一次重要"转向"。

间的统治或控制。比如，马克思和恩格斯写道："统治阶级的思想在每一时代都是占统治地位的思想。这就是说，一个阶级是社会上占统治地位的物质力量，同时也是社会上占统治地位的精神力量。支配着物质生产资料的阶段，同时也支配着精神生产的资料，因此，那些没有精神生产资料的人的思想，一般地是受统治阶级支配的"。[①] 可见，在马克思和恩格斯那里，"霸权"不仅包含了政治的统治，还包含了思想统治。列宁发展了马克思主义的"霸权"思想。列宁在反对经济主义的斗争中，围绕如何实现以无产阶级意识为主导的阶级联盟问题进行了深刻思考。当时在俄国革命过程中，出现了各种非无产阶级的斗争策略，例如，自发主义、工团主义、非妥协的左派等，针对各自斗争策略的局限性，面对这种松散的思想，列宁分析认为，革命所需要的阶级政治意识只能从外面灌输给工人，即只能从经济斗争范围之外灌输给工人，进而建立一支以无产阶级意志为主导的阶级联盟，实现无产阶级对其他阶级的政治领导权。列宁于1905年在《社会民主党在民主革命中的两种策略》一书中则明确表述了霸权思想，提出"马克思主义教导无产者不要避开资产阶级革命……相反地，要尽最大的努力参加革命，最坚决地为彻底的无产阶级民主主义、为把革命进行到底而奋斗"。[②] 在列宁那里，霸权作为一种革命战略，强调的是无产阶级在推翻沙皇统治中始终保持对革命的领导地位，强调夺取政治霸权的重要性，同时也强调了文化领域领导的重要性，即无产阶级意识如何灌输以及确立领导的问题。列宁如何外在灌输政治意识、激发大众确立无产阶级意识形态的领导的思想对葛兰西产生了深刻的影响，葛兰西曾诚恳地提出："正是列宁本人在反对各种'经济主义'倾向时，重新估价了文化斗争阵线的作用，正是列宁本人提出了霸权（统治加思想和道德的领导）的理论作为对国家—武力（无产阶级专政）理论的补充，作为马克思理论的当代形式。这一切，意义是明确的：统治（强制）是一种行使政权的方法，是一定历史时期所必要的，而领导则是保障以广泛赞同为基础的政权的稳定性方法。"[③]

[①]《马克思恩格斯全集》第三卷，人民出版社，1985，第52页。
[②]《列宁选集》第一卷，人民出版社，1995，第558页。
[③]〔意〕朱塞佩·费奥里：《葛兰西传》，吴高译，人民出版社，1983，第262页。

葛兰西最早在1926年写作的《关于南方问题的笔记》中使用"霸权"（egemonia）一词，他的思想深受之前马克思主义观点的影响，自称霸权这个概念来自于列宁的领导权思想。葛兰西虽然承认他的思想来源于马克思主义经典作家，尤其是列宁，但是葛兰西与他们的霸权思想侧重点不是在一个层面上的。与列宁强调经济层面不同，葛兰西提出"一个社会集团能够也必须在赢得政权之前开始行使'领导权'；当它行使政权的时候就最终成了领导者，但它即使是牢牢地掌握住了政权，也必须继续以往的'领导'"。[1] 葛兰西这里的领导就不单单是基于掌握国家政权的武装"统治"，还包括一个集团或阶层对另一集团或阶层的优势，其最基本的含义是："某一个社会集团包括处于统治地位的社会集团和处于被统治地位的社会集团，运用教育、宣传等文化手段，争取其他集团认同、支持并自动融入该社会集团的权力结构中，以达到权力的维护、巩固与扩张的一种控制方式，是通过文化手段对社会精神生活的控制，用葛兰西自己的话是'智识与道德的领导权'"。[2] 所以，葛兰西的霸权强调的是文化、意识形态和价值观，是以意识形态为核心的文化霸权（意识形态霸权）。他认为这与经济地位一样，它们也是无产阶级革命斗争和国家建设的重要阵地，对此需要提高重视，并指出无产阶级革命不能单从军事革命和经济革命上做文章，更应该在文化和意识形态领域即"市民社会"领域争取主动权。关于葛兰西对霸权概念的丰富与发展，约翰·霍夫曼指出："葛兰西的霸权与列宁的相比至少有两点独特之处，一是由无产阶级扩展到了资产阶级，从而使之变成了一种普遍的阶级统治的特征；二是葛兰西向这一概念注入了特定的文化、道德和智力活动。"[3] 也就是将文化、道德和智力活动纳入到国家的统治层面，并突出其在领域的重要地位。

要充分理解葛兰西的文化霸权理论的基本内在逻辑，就要从其市民社会的基本概念说起。首先是关于"市民社会"概念。"市民社会"概念是

---

[1] 〔意〕安东尼奥·葛兰西：《狱中札记》，曹雷雨、姜丽、张跣译，中国社会科学出版社，2000，第38页。
[2] 王晓升等：《西方马克思主义意识形态理论》，社会科学文献出版社，2009，第51页。
[3] John Hoffman, *The Gramscian Challenge: Coercion and Consent in Marxist Political Theory* (New York: Blackwell, 1984), p. 55.

论文化霸权视域下的文化批判与重建

以葛兰西为代表的早期西方马克思主义理论家热衷探讨的重要概念，葛兰西从黑格尔和马克思的理论体系中借用，但在内涵上与其他有着本质的区别。市民社会最初是指西方中世纪末期从事简单商贸活动的城关市民阶层和新兴的资产阶级，后被引申为现代资本主义社会的物质生产关系，黑格尔和马克思主要在此意义上使用这一概念。在葛兰西那里，这一概念的内涵被加以拓宽和改变，将市民社会归结到上层建筑之中，使之同政治社会并列，例如，葛兰西明确指出："目前我们所能做的是确定上层建筑的两个主要层面：一个可以称为'市民社会'，即通过称作'民间的'社会组织的集合体；另一个可以称为'政治社会'或'国家'。一方面，这两个层面在统治集团通过社会而执行'霸权'职能时是一致的；另一方面，统治集团的'直接统治'或命令是通过国家和'司法的'政府来执行的。"① 前者指的是文化、伦理和意识形态活动领域，后者指的是国家、政治等政治活动领域。

葛兰西对市民社会的内涵做出了新的规定，从基本内涵上看，它不单纯代表传统的经济活动领域，而是独立于它并与政治领域相并列的文化、伦理和意识形态活动领域，它既包括政党、工会、学校、教会等民间社会所代表的社会舆论领域，也包括报刊、新闻媒介、学术团体等所代表的意识形态领域。在葛兰西那里，市民社会从经济领域独立出来，成为经济基础和以政治社会为中心的上层建筑之间的一个相对独立的领域。据俞吾金分析，马克思主义的社会结构模式为社会生产—经济基础（相当于市民社会）—法律的和政治的上层建筑（相当于政治社会或国家）—意识形态。在此种社会结构模式下，意识形态是作为一种缺乏自主性与独立性的组成部分而存在，即受经济基础以及法律和政治的上层建筑支配。葛兰西则建立了一种新的社会结构模式：社会生产—经济基础—市民社会（意识形态）—政治社会（国家）的新模式。② 在此种结构中，意识形态虽然仍然受经济基础决定，但是意识形态成为政治上层建筑建立的前提，创造并决定着政治上层建筑。意识形态在社会结构中的相对独立性、创造性被凸显

---

① Antonio Gramsci, *Selections from the Prison Notebooks of Antonio Gramsci* (London: Lawrence and Wishart, 1971), p. 12.
② 俞吾金：《意识形态论》，上海人民出版社，1993，第137页。

出来。具体到当时的情景，在葛兰西看来，在东方，市民社会尚未形成，上层建筑依然是政治社会；而在西方，市民社会已经确立并成熟，其上层建筑则由市民社会和政治社会两个层面构成。

其次，葛兰西的"统治"包含"强制"和"同意"两种内涵，所谓"强制"是统治阶级运用诸如军队、警察、法庭等暴力机关对人民进行的强制统治；"同意（领导权）"则是对某种社会秩序、政治体制、政治决策或领导者的认同、赞同或支持，这种认同是统治阶级运用家庭、学校、教会、政党、社会团体等"市民社会"活动场所的文化渗透和控制，使得被统治阶级逐渐被教育、认同的过程。也就是资产阶级通过精神文化领域来控制市民社会，保障前者在意识形态上的领导权，进而维护其政治统治。在葛兰西看来，一个阶级或集团可以通过武力的"强制"方式获得其统治目的，但要维护其统治，还要有更深层次的"同意"，取得来自统治阶级、被领导者的"同意"，即获得统治权威的合法性基础。在东方国家，国家就是一切，统治方式主要体现为政治强力——暴力和强力；在西方国家，因为产生了成熟的市民社会，国家则体现为"强力"加"同意"两种统治方式，所以要在西方国家实现无产阶级革命，其目标就有两个：一是推翻其政治强力统治，二是推翻资产阶级确立的政治意识形态，确立无产阶级意识形态的"领导权"。

在葛兰西的视野中，霸权具有三种组成方式。第一种是绝对的支配状态，这是通过国家及其组织机构实现的，也正是传统马克思主义所强调的国家作为统治阶级压迫被统治阶级的工具。第二种是政治合法性的建构，这种合法性涉及意识形态的建构问题。这两种霸权都涉及政治关系领域。第三种是文化合法性建构，霸权只有渗透到这个层次时，才能使人们自觉不自觉地遵循着统治者的霸权逻辑。基于葛兰西理论思维的前提是西方国家的无产阶级革命，葛兰西更为强调"同意"的确立，即如何获得文化、伦理和意识形态活动领域的霸权。葛兰西所强调的就是对文化霸权的分析。对于葛兰西来说，霸权概念主要指文化霸权，但其核心是政治上的霸权。葛兰西发生如此转变，背离当时成功的东方社会的无产阶级革命模式，与其对现实形势的分析有直接关系。

第一次世界大战爆发后，西方资本主义社会矛盾频发，经济危机、政治危机此起彼伏,马克思主义领导的无产阶级革命相继在资本主义国家爆发。众所周知,只有俄国十月革命采取暴力夺权的方式建立了世界上了第一个社会主义国家,而西欧各国发动的暴力革命运动都相继失败。对此结果,葛兰西进行了深刻的反思,认为"在东方,国家就是一切,市民社会处于初生而未形成的状态。在西方,国家与市民社会之间存在着调整了的相互关系。假使国家开始动摇,市民社会这个坚固的结构立即出面。国家只是前进的壕堑,在它的后面有工事和地堡坚固的链条;当然这个或那个国家都是如此,只是程度大小不同。正是这个问题应用到每一个国家去时要求加以仔细的分析"。① 在葛兰西看来,像俄国这样的国家,市民社会还处于萌发状态,不能起到"壕堑"或"堡垒"的作用。沙皇统治国家的一切,因此,只要打破以暴力为特征的国家机器,就可以建立无产阶级政权,获得对国家领导的政治合法性。与俄国不同,其他西方国家的"市民社会"变成了很复杂的结构,市民社会作为上层建筑能够经受经济等因素的威胁。也就是说,俄国这样的王朝国家被推翻后可以建立新的政府,而资产阶级已经从市民社会那里凭借思想、文化的优势获取了霸权,它为资产阶级合法性提供了深层次的文化道德合法性支持。

具体而言,在落后的东方社会,由于没有形成独立的市民社会,因此,国家和政府构成的政治社会构成了上层建筑的全部内涵,即国家就是一切,它体现的唯一职能就是政治强力统治。如恩格斯所说:"由于国家是从控制阶级对立的需要中产生的,由于它同时又是在这些阶级的冲突中产生的,所以,它照例是最强大的、在经济上占统治地位的阶级的国家,这个阶级借助于国家而在社会上也成为占统治地位的阶级,因而获得了镇压和剥削被压迫阶级的新手段。"② 因此,在东方国家,革命的直接打击目标只有是以暴力为特征的国家机器,才能从根本上动摇和推翻旧的国家机器,有希望从根本上改变现有的社会结构。而西方社会不同于东方社会,上层建筑是由市民社会和政治社会两个层面构成的,国家统治体现为强力与霸权的二重性质,即国家不但取得了政治上的霸权,而且也在理性化地

---

① 〔意〕安东尼奥·葛兰西:《狱中札记》,曹雷雨、姜丽、张跣译,中国社会科学出版社,2000,第180页。
② 《马克思恩格斯选集》第四卷,人民出版社,1995,第172页。

取得了文化的霸权。革命所涉及的则不仅是国家的暴力功能，还有它的同意基础，即市民社会的文化霸权。当西方社会出现政治危机时，市民社会以合法的文化霸权仍强有力地支撑着国家。"'市民社会'已经演变为更加复杂的结构，可以抵御直接经济因素（如危机、萧条等等）'入侵'的灾难性后果。市民社会的上层建筑就像现代战争中的堑壕配系。在战争中，猛烈的炮火有时看似可以破坏敌人的全部防御体系，其实不过损坏了他们的外部掩蔽工事；而到进军和出击时刻，才发现自己面临仍然有效的防御工事。在大规模的经济危机中，政治也会发生相同的事情。"[1] 因此，东方国家所采取的暴力手段在西方社会并不适用，也不可能取得无产阶级暴力革命的成功，西方无产阶级暴力革命相继失败的根源在此。

在葛兰西看来，文化领域的斗争是无产阶级革命斗争的另一个重要阵地，但是在实际的革命斗争中却没有被重视，这是西方无产阶级革命斗争的疏漏所在。葛兰西得出结论，对西方发达的工业社会而言，无产阶级欲实现专政，首要任务不是武装夺取政权，而应当在夺取政权之前取得无产阶级的文化霸权或意识形态霸权。葛兰西指出："只有那个以力图'消灭'与它敌对集团的领导者身份的出现的社会集团，才是它的敌对的集团的领导者。社会集团可以而且甚至应该在取得到国家政权之先就以领导者的身份出现（这就是夺取政权本身的最重要的条件之一）。尔后这个集团取得政权，即使很坚固地掌握着它，成了统治者，同时也应该是一个'领导的'集团。"[2] 这样，一种旨在西方社会建立以争取"文化霸权"的文化批判理论在葛兰西的社会理论分析中应运而生。

二 文化批判理论的哲学基础

实践哲学是葛兰西对马克思主义的重新理解，为理解葛兰西文化霸权理论提供了哲学基础和方法论基础。在葛兰西看来，实践哲学是对旧唯物主义与唯心主义的批判性超越，具有绝对历史主义的特征。长久以来学界

---

[1] 〔意〕安东尼奥·葛兰西:《狱中札记》，曹雷雨、姜丽、张跣译，中国社会科学出版社，2000，第191页。

[2] 〔意〕安东尼奥·葛兰西:《狱中札记》，曹雷雨、姜丽、张跣译，中国社会科学出版社，2000，第191页。

对葛兰西的实践哲学存在与否有异议,认为不只是葛兰西为逃避狱卒检查所采取的一种书写策略。目前随着葛兰西理论的逐一验证,葛兰西的"实践哲学"理论已经开始被普遍认可,学界认为它确实超越了传统哲学中唯物主义和唯心主义二元论,开辟了历史新阶段和世界思想发展新阶段的完整的、独创的哲学。

葛兰西的实践哲学的理论价值如何,这需要通过对其思想进行系统考察。马克思主义诞生以后,对马克思主义的解释就始终未有停止过,20世纪初尤甚。关于对马克思主义哲学的解释,传统观点通常把实践哲学界定为纯哲学、经济学和政治学,比如,克罗齐提出"马克思的著作中是否存在哲学"的疑问,认为马克思只是论述了经济理论、政治理论和一些杂糅的格言、实践标准,并没有形成完整的哲学体系。葛兰西总结出解释马克思主义哲学的两种不同倾向:一种是庸俗唯物主义解释马克思哲学,以普列汉诺夫、布哈林为代表,他们将马克思主义哲学庸俗化,如把哲学理解为辩证唯物主义、实践哲学理解为社会学、以经济决定论为核心的机械决定论等观点使得马克思主义陷入新的教条主义中;另外一种是用唯心主义来解释马克思主义,他们以伯恩斯坦、阿德勒、鲍威尔等人为代表,是一种试图将马克思主义与新康德主义、托马斯主义等结合起来的唯心主义思潮。在葛兰西看来,实践哲学是对旧唯物主义与唯心主义的批判性超越,绝对历史主义是其重要特征,对此的误解,使正统马克思主义陷入了机械决定论的框架中。针对这两种思潮,葛兰西超越了上述两种解释范式,贯彻早期西方马克思主义惯用的黑格尔主义哲学思维路径来解释实践,对马克思主义哲学进行了新的诠释。

物质观和人的本性问题是哲学的首要问题和基础问题。葛兰西的实践哲学也从定义物质和人开始。对于物质,在他看来,"对于实践哲学来说,对于'物质'既不应当从它在自然科学中获得的意义来理解(物理、化学、力学等等——要从其历史发展中来注意和研究的意义),也不应当从人们在各种唯物主义形而上学中发现的任何意义上来理解,应当考虑到一起构成为物质本身的各种(物理、化学、机械的等等)特性(排除人们求助于康德本体概念),但只是在它们便成一种生产的'经济要素'的范围内,所以物质本身并不是我们的主题,成为主题的是如何为了生产而把它与社会历史地组织起来,而自然科学则应当相应地看作是一个历史范畴,一种人类关系"。① 在葛兰西看来,实践哲学研究的不能把物质看作是"本体""物自体"等的客观属性,而是应将其纳入到实践范畴里,把它认为是可认识的,生成的,是如何为了生产而把物质历史建立起来的。也就是说,随着人类实践的发展,人类自身、人的认识、自然界、事物的客观属性等都是不断变化的,对事物、客体的认识,人们不能只关注其客观的一面,还应当关注其主观的一面,应看到人类在改造世界的能动的实践,尤其是人的思维意识能动性。

关于"人"是什么,葛兰西反对各种唯心主义将人看成单纯的个体,把精神活动看为这一个体的本性。对于物质的认识逻辑相同,葛兰西认为,应当把人看成一系列能动的关系,一个实践的过程。他把人类分解为三个要素:(1) 个人;(2) 其他人;(3) 自然界。这三个要素的关系是:人作为自然界的一部分,是通过劳动和技术与其他人构筑在一定的社会集团之中的。所以,在他看来,"'人的本性'是'社会关系的总和',这是最令人满意的答案,因为它包括生成的观念(人'生成着',他随着社会关系的改变而改变),而且也因为它否定有'一般的人'"。② 通过把人是一切社会关系的总和与实践的观点统一起来,葛兰西极大丰富了马克思主义的人性理论。在葛兰西这里,人的一切社会关系的总和,正是人类实践的总和,人类特定的社会关系恰恰是在人类认识、改造实践的成果中形成的,是随着实践的发展而不断地发展,从而也使人的本性体现为能动的、具体的和历史的特性。葛兰西总结道:"人首先是精神,也就是历史的创造物,而不是自然的产物。"③ 由此,葛兰西反对庸俗唯物主义的经济决定论观点,强调人的能动性在历史中的创造作用。"真正的马克思主义思想认为,历史上占统治地位的因素不是自然的经济事实,而是人,他们创造社会,他们彼此联系、相互理解。在这种相互联系(文明化)的基础

---

① 〔意〕安东尼奥·葛兰西:《狱中札记》,曹雷雨、姜丽、张跣译,中国社会科学出版社,2000,第162页。
② 〔意〕安东尼奥·葛兰西:《狱中札记》,曹雷雨、姜丽、张跣译,中国社会科学出版社,2000,第40页。
③ Antonio Gramsci, *Pre-prison Writings* (Cambridge University Press, 1994), p.10.

上发展出一种集体的社会意志。他们了解经济事实，对经济事实做出判断并使之适应自己的意志，直到这种意志成为经济的动力并形成客观现实，这种客观现实存在着、运动着，像火山熔岩一样，能够按照人的意识，在任何地方，以任何形式开拓道路。"① 在这里，葛兰西十分强调人的精神与人格因素的作用。

关于马克思主义的基本观点——经济基础与上层建筑的关系问题，葛兰西认同马克思主义的经济基础决定上层建筑基本观点，但同时也肯定上层建筑的反作用。他批判传统经济决定论的只看重经济的作用，而忽略政治、文化、思想等上层建筑的作用。在他看来，经济的发展、社会从一个阶段向另一个阶段的发展，基本上是人、人的意志和能力发挥作用的过程，人的社会实践才是经济基础的源泉。这样，葛兰西在实践基础上，解决了经济基础与上层建筑的辩证统一关系，超越了经济决定论、经济主义等庸俗唯物主义观点，同时突出了人的主观能动性，尤其是强调人的精神能动性，将精神与历史统一起来，使"思想力"在社会革命行动中体现出来，将理论与实践统一起来，从而深化了马克思主义哲学。所以，实践哲学并非思辨的产物，而是人类社会发展到一定阶段的产物，是人类意志能动的产物，即葛兰西强调的实践哲学是现代文化的产物。具体到革命实践而言，实践哲学引导的不是通过暴力革命的形式改变现有的生产关系，而是通过历史与思想的考察，对常识与意识形态的前提性批判，使自己走向更高的认识生活的形式，获得思想霸权，对社会生活进行变革。葛兰西的实践哲学具有以下几重特征。

第一，实践是人的本质规定性，实践哲学是人的合理意志的创造性哲学。实践是人的能动性、创造性的本质活动，是人类历史运动的基础和动力，人在实践活动中能动地建立起人类社会关系的总和。在葛兰西看来，人的本质是由人的实践活动决定的，所以，人不单纯是生物学意义上的规定性，不是给定的"物"，而是一个能动的过程，"更准确地说，人是他的活动的过程"。② 在人的能动的活动过程中，人类建立了人与自然的关系、

---

① Antonio Gramsci, *Pre-prison Writings* (Cambridge University Press, 1994), p. 40.
② 〔意〕安东尼奥·葛兰西：《实践哲学》，徐崇温译，重庆出版社，1990，第34页。

人与人的关系，确立了人的存在和人类历史的运动。在人类的实践活动中，人的"意志"起到决定作用。关于"意志"，葛兰西没有明确的定义，但从他使用的概念来看，比如，"意志，归根到底它等于实践活动或政治活动，意识是上层建筑，意志是实践等"，表明它所指的是人类的文化意识的能动性和创造性。当然，葛兰西明确表示他的"意志"不是唯我论的概念，而是"必须是合理的意志，而不是任意的意志；只有在这种意识符合于客观的历史必然性，或只有在它是处在其逐步实现时刻中的普遍历史主义本身的时候，它才得到实现"。① 这样，人类历史的活动过程就是人类实践的过程，是人类意志展开的过程，是人的实践通过变革现实和改变自己不断建构人与人、人与自然的辩证统一的过程。因此，人类意志的实践活动不仅规定了人的本质，而且构成了人类社会和人类历史的现实基础。这样，葛兰西从其实践哲学的建构中，从其坚持的"实践一元论"的理论基础预设上，根本扭转了庸俗唯物主义关于"意志"与"物质"的"二元论"分离，并从以意志为全部内容的上层建筑的论证中，确立了"意志"的能动定位，实现了"意志"与"物质"的平等对位，强调了以文化为载体的意志在人类社会历史发展过程中的重要作用。

第二，实践哲学超越传统唯物主义和唯心主义的对立，代表着更高层次的文化精神。葛兰西反复强调：实践哲学是现代文化的产物。也就是说实践哲学并非哲学家纯粹思辨的产物，而是人类文化发展到现阶段的产物。在这里包含两层意思，其一，实践哲学是人类文化精神发展的总结，"实践哲学是以所有这一切过去的文化为前提的：文艺复兴和宗教改革，德国哲学和法国革命，喀尔文主义和英国古典经济学，世俗的自由主义和作为整个现代生活观的根子的这种历史主义。实践哲学是这整个精神的和道德的改革运动的顶峰，它使大众文化和高级文化之间的对照成为辩证的"。② 其二，作为对各种文化精神的辩证综合，实践哲学对当下的文化发展又起到重要作用，"实践哲学是现代文化的一个'要素'。它在一定程度上决定了或丰富了某些文化思潮"。③ 这样，葛兰西就为其文化霸权理论提

---

① 〔意〕安东尼奥·葛兰西：《实践哲学》，徐崇温译，重庆出版社，1990，第76页。
② 〔意〕安东尼奥·葛兰西：《实践哲学》，徐崇温译，重庆出版社，1990，第83页。
③ 〔意〕安东尼奥·葛兰西：《实践哲学》，徐崇温译，重庆出版社，1990，第76页。

供了哲学基础，为无产阶级夺取文化霸权提供了重要的理论依据。

第三，实践哲学具有绝对的历史性。实践哲学是一种绝对历史主义的实践哲学。"历史"指的是人类社会。历史主义哲学就是立足于人类社会发展过程，把全部哲学问题都放在它所产生的历史条件、发生和发展的过程去理解，从其与其他事物的关系、作用的角度来分析。这里面包含着两层含义，其一，实践哲学是立足于人类社会，对于自然界、人的认识与活动都是基于人类社会的总体认识基础而开展的，葛兰西提出"实践哲学的集中点也就在于这里，在这里它现实化并且开始历史地生活着，也就是开始社会地生活着"。① 为了坚持历史主义的方法论思想，它从不把其哲学与经济、政治，甚至政治科学、艺术、经济学和政策的专门化割裂开来。其二，实践哲学是一种发展的哲学。历史主义将人类社会生活的总体看作是一个发展过程，把社会现实看作是暂时的、历史的东西。"实践哲学是一种独立的和独创的哲学，它本身包含着进一步发展的要素，所以就由对历史的一种继续变成一种一般的哲学。这正是人们必须在其中进行工作的方向，发展拉布里奥拉的观点。"② 这样，葛兰西的实践哲学为以意识形态为核心的文化霸权理论找到了方法论基础，同时，为文化霸权对经济基础的反作用分析，以及在推动人类社会发展中的具体作用，找到了历史依据。

第四，实践哲学具有强烈的批判性和革命性。实践哲学就是通过批判常识、批判资产阶级的意识形态，提升无产阶级与大众的日常观念，使之能对当下的历史及自身的历史使命有着理性的自觉，从而形成无产阶级革命所需要的"共同意志"。葛兰西反复强调，实践哲学"旨在改变世界和使世界革命化"，而这也构成了实践哲学的中心网络——使实践哲学成为现实的、历史的、必然的、合理的中心。所以，实践哲学就是通过历史与思想史的批判考察，使大家超越常识、超越现有意识形态，在对常识与意识形态的前提性批判考察中，使自己走向更好的认识生活的形式，获得思想霸权，实现对社会生活的变革。这才是实践哲学的理论指向，具体到实践哲学的工作，葛兰西指出"实践哲学有两项工作要做：战胜最精致形式

---

① 〔意〕安东尼奥·葛兰西：《实践哲学》，徐崇温译，重庆出版社，1990，第369页。
② 〔意〕安东尼奥·葛兰西：《实践哲学》，徐崇温译，重庆出版社，1990，第78页。

的现代意识形态，以便能够组成自己的独立的知识分子集团；以及教育其文化还是中世纪的人民大众。这第二项工作，是基本的工作，它规定新哲学的性质，并不仅在数量上而且在质量上吸收它的全部力量"。①

基于上述特征，葛兰西强调实践哲学的历史地位和革命思想，提出实践哲学是现代文化的一个"要素"，并在一定程度上决定了或丰富了现代的文化思潮。实践哲学作为葛兰西对马克思主义对重新理解，就其文化霸权理论而言，具有重要的理论价值。首先，葛兰西超越了庸俗唯物主义的经济决定论，也超越了唯心主义的精神同一性，他关注的实际上是社会生活的总体性管理，是对上层建筑内涵的丰富发展，是对于经济基础与上层建筑关系的重构，以及对于以文化霸权为侧重点的革命理论的创新。在葛兰西的文化霸权思想中，文化霸权理论则是对西方社会的无产阶级革命提出的一种革命策略，实践哲学为其提供了哲学理论基础，它作为现代文化成就，发挥着重要的文化启蒙功能，实现人们在市民社会领域自觉不自觉地遵循着统治者的霸权逻辑，具有重要的意义。

三 文化霸权重建的主力分析

如上所述，葛兰西得出结论：对西方发达社会而言，首要任务不是武装夺取政权，或者政治的霸权，而是应当在夺取政权之前就取得文化霸权，即建构文化霸权。由此逻辑出发，知识分子就必然成为葛兰西探讨的焦点。事实上，知识分子问题是葛兰西研究问题中最感兴趣的一个，葛兰西很早就开始分析。入狱之后，葛兰西在《狱中札记》中用了大量篇幅来讨论这一问题，提出"知识分子是统治集团的'代理人'"，是"上层建筑体系的'公务员'"，②的重要论断。诚如麦克莱伦提出知识分子问题在葛兰西的思想中占据了"中心地位"。③可以说，知识分子是夺取文化霸权直至夺取政治霸权的前提和基础。

---

① 〔意〕安东尼奥·葛兰西：《实践哲学》，徐崇温译，重庆出版社，1990，第80页。
② 〔意〕安东尼奥·葛兰西：《狱中札记》，曹雷雨、姜丽、张跣译，中国社会科学出版社，2000，第7页。
③ 〔英〕戴维·麦克莱伦：《马克思以后的马克思主义》，余其铨、赵常林等译，中国社会科学出版社，1986，第244页。

论文化霸权视域下的文化批判与重建

在马克思那里，判定知识分子的标准是从事脑力劳动与否。马克思认为知识分子是建立在体力劳动和脑力劳动分离的基础上的。在人类社会早期，脑力劳动阶层并未产生，而是随着生产力的发展，从体力劳动中分离出的新的阶层，即在马克思那里，知识分子是具有独立性和超然性的脑力劳动者。从马克思对脑力劳动的定义出发，知识分子是以生产与传播知识为使命的文化精英，他们是超越于社会利益之外，具有一定独立自主性的社会"立法者"。葛兰西并不赞同这种区分，批判了这种以"脑力"劳动为标准界定知识分子的错误，指出"最普遍的方法上的错误便是在知识分子活动的本质上去寻求区别的标准，而非从关系体系的整体中去寻找"。[①]也就是说，工人、无产阶级与其他阶级的区别不在于他们从事手工或使用工具的劳动，而在于他们在特定的条件和社会关系中从事这种劳动，因为即使在体力劳动中，哪怕是最为低级和机械的劳动中，也存在着最低限度的技术要求，也就是有少量的脑力劳动。显然，在葛兰西那里，知识分子不再是文化精英们的专有名词，而是指数量众多的广大人民群众，包括从事生产劳动的工人和农民，甚至"所有人都是知识分子"，即无论从事任何职业，都需要一定的技术要求，都需要进行思维判断，哪怕最低级的机械劳动。就其深层次而言，知识分子除了对知识的产生与传播发生作用外，他们也有其经济基础，处于特定的经济领域和政治与政治领域，因此，不应该将知识分子看作是独立的、超然的，而应该渗透到特定的社会集团和社会历史阶段，揭示其所在社会集团的特殊使命。

葛兰西从历史的角度将知识分子分为两类：一类是传统的知识分子，另一类是有机知识分子。所谓的传统知识分子是那些历史上产生的而现今赖以存在的生产关系已经消灭，但依然保留的世代相传的知识分子，即前工业社会产生的知识分子，如文人、教士、哲学家、艺术家、新闻记者等。他们具有如下特征：第一，这类知识分子不是工业社会的产物，是早在古希腊时期就已存在的特定群体，这类知识分子与经济生活相距较远，以生产知识与伦理精神为职业，具有"独立性"的外表，自以为能够自治

---

① 〔意〕安东尼奥·葛兰西：《狱中札记》，曹雷雨、姜丽、张跣译，中国社会科学出版社，2000，第3页。

并独立于居统治地位的社会集团,这使得他们与人民群众区别开来;第二,他们以知识与伦理精神为业,所以他们塑造了一种体现社会道义和伦理精神的形象;第三,这类知识分子以社会生活的法律和伦理的"立法者"自居,以权威作为自己合法性的基础。葛兰西认为虽然传统知识分子早在古希腊时期就已经存在,是前工业社会的结果,但是在现代社会依然存在,主要通过两种方式获得存在的基础,一种是与社会主要集团结合,即与资产阶级结合,成为统治阶级的一部分;另一种是在工业不发达的落后地区,以乡村知识分子为代表,虽没受到资本主义制度的教育,却始终想进入国家金冠,提高自身的经济生活,提高家庭声望。

与传统知识分子相对应的是有机知识分子。不同于具有独立性和超然性的教士阶层,他们是现代生产方式的产物,与其所在的集团和所代表的阶层有着密切的关系,能够明确地表达自己所属的政治、社会和经济领域的集体意识。葛兰西认为有机知识分子具有如下特征,第一,有机知识分子是与由之产生的新阶级具有理论和实践上的有机的联系。"无论如何,只有在知识分子和普通人之间存在着与应当存在于理论和实践之间的统一同样的统一的时候,人们才能获得文化上的稳定性和思想上的有机性质。也就是说,只有在知识分子有机地成为那些群众的有机知识分子,只有在知识分子把群众在其实践活动中提出的问题研究和整理成融贯一致的原则的时候,他们才和群众组成为一个文化和社会的集团。"① 这类知识分子是具有专业特征的知识分子,渗透在经济生活的各个领域,他们与资本主义社会融为一体,成为相应的专业人才,诸如工业技术人员、政治经济学家、教师和律师等新文化和新法律体系的组织者等。所以,葛兰西所界定的知识分子,就不仅指传统的从事读书、写作和传播文化的人文工作者,也指社会中各行业的专业技术人员,以至于"所有人都是知识分子"。第二,有机知识分子通过其专业分工,承担着组织整个社会的职能,由此,社会成为一个整体。也就是说,现代社会是由知识分子通过生产和管理过程而结合在一起的,他们与所有的阶层形成统一的联系,也与占据主导地

---

① 〔意〕安东尼奥·葛兰西:《狱中札记》,曹雷雨、姜丽、张跣译,中国社会科学出版社,2000,第240页。

位的社会集团一致,使社会成为了一个有机的整体。第三,他们"成为新知识分子的方式不再取决于侃侃而谈,那只是情感和激情外在和暂时的动力,要积极地参与实际生活不仅仅是做一个雄辩者,而是要作为建设者、组织者和'坚持不懈的劝说者'(同时超越抽象的数理精神);我们的观念从作为工作的技术提高到作为科学的技术,又上升到人道主义的历史观,没有这种历史观,我们就只是停留在'专家'的水平上,而不会成为'领导者'(专家和政治家)"。[①] 也就是说,有机知识分子不再是停留在简单的说教之上,作为社会的建设者、组织者和劝说者积极地参与实际生活,而是具有批判的自我意识,启蒙人民群众的自我独立,从而建构属于无产阶级的社会集团,即通过对常识的批判,形成新的完成的世界观,并通过自己的实践来改造世界。所以,只有那些从事专门的技术工作和意识形态工作方面的人才是有机知识分子。"有机"的实质上即知识分子与大众的统一、理论与实践的统一。

传统知识分子与有机知识分子的划分并不是截然对立。传统知识分子可以被整合到新兴阶级集团中,有机知识分子如不能随着历史情境的发展而发展,也会变成僵化的传统知识分子。也就是说二者的区分关键在于是否加入新的社会关系,是否符合历史发展的需要。这点从有机知识分子产生的历史条件可以说明,随着资本主义的发展,社会分工越来越专业化、技术化,社会组织越来越完备,一批拥有生产技术或者革新生产技术的技术知识分子阶层在社会生产过程中获得了更高的威望,获得了生产领域和政治领域的霸权,而相应的以教书育人为使命的传统知识分子便逐渐被边缘化,所以,社会发展趋势表明,传统知识分子只有融入新的生产关系中,转变成有机知识分子,才能重新获得霸权地位。

现代社会的分工与技术在生产中的普遍化,为有机知识分子兴起创造了条件,也为知识分子从传统的劳动阶层一跃进入管理过程,甚至进入国家政治领域,或者政治霸权创造了条件。这其中涉及另一个重要的理论前提,有机知识分子不单单是具有专业知识的社会集团,更为重要的是他们

---

① 〔意〕安东尼奥·葛兰西:《狱中札记》,曹雷雨、姜丽、张跣译,中国社会科学出版社,2000,第2页。

是组织化的知识分子,与其所体现的社会集团之间实现有机化的统一,即有机知识分子在相互的合作中形成较为统一的集体意志,构成新的共同体。其作为新的社会关系的代表者的集体意志,能够获得大众的普遍的认同,引领他们走向更高的目标。这就涉及有机知识分子的使命,也是其成为霸权理论中心的必要条件。在葛兰西看来,有机知识分子霸权是通过两个主要途径得以确立的:一个是一种总的生活观念,一种给予其信徒智识"尊严"的哲学,它所提供的是不同于强制统治下的旧意识形态的原则,以及与这些意识形态做斗争的因素;另一个是一种教育大纲,"一种令一部分知识分子感兴趣的教育原则和独创的教学法,这一部分知识分子性质相同,人数最多(如教师,从小学教员到大学教授),发挥他们在自己的教学领域的积极性"。[1] 葛兰西对有机知识分子霸权的确立提出了两个条件:第一,必须建构代表自身文化的和社会的历史集团所同意的共同意志,具体步骤是通过批判意识,对资本主义的文化霸权进行批判,进而获得在文化和政治领域的霸权;第二,对群众进行教育,提高大众意识,使之达到较高的适应其特定社会集团的意识水平,形成有组织的群体,以其承担文化霸权的使命。为此,知识分子要实现霸权的职能,必须同时具备三个条件:"第一是传统知识分子与组织化的知识分子之间的联合,但必须以组织化的知识分子占主导地位;第二知识分子必须是'组织化的'和'民族的',而不是'分散的'和'国际化的';第三,知识分子必须有能力在政治与市民社会中扮演领导角色。"[2]

葛兰西的有机知识分子承担着"教育"整个市民社会中人民大众的功能,以使社会集团获得社会的舆论支持和价值认同,最终使其社会政治统治取得合法性。正如麦克莱伦所言:"葛兰西强调知识分子的作用,使他较之以往的马克思主义理论家更准确地表达了历史唯物主义。"[3] 这样,葛兰西为有机知识分子规定了其历史使命,即成为推翻资本主义文化霸权从而建构无产阶级的文化霸权的主力。

---

[1] 张一兵主编《当代国外马克思主义哲学思潮》,江苏人民出版社,2012,第139页。
[2] 张一兵主编《当代国外马克思主义哲学思潮》,江苏人民出版社,2012,第141页。
[3] 〔英〕戴维·麦克莱伦:《马克思以后的马克思主义》,李智译,中国人民大学出版社,2004,第204页。

四 文化霸权重建的策略思考

对于霸权的争夺与斗争，葛兰西基于对西方资本主义国家的深入了解，提出了区别于列宁模式的新的"革命战略"。葛兰西借用两个军事术语来分析："运动战"（war of movement）和"阵地战"（war of position）。"所谓运动战，主要是指俄国式的暴力革命，直接去摧毁统治阶级的国家机器，夺取国家政权；所谓阵地战，是指在资产阶级已经取得了市民社会的文化领导权时，无产阶级坚守自己的文化阵地，建立自己的文化组织和文化团体，通过教育使无产阶级觉悟，从而首先在文化——意识形态领域取得对资产阶级的胜利，最后夺取整个国家。他指出，在西方发达国家，由于拥有文化领导权的市民社会成了统治阶级整个防御体系中最为坚固的堡垒，所以传统的像俄国革命那样的'运动战'不足以解决问题，无产阶级无法以闪电般的运动战去摧毁市民社会，而只能采取阵地战的方式，在市民社会中逐个夺取阵地，逐步掌握意识形态领导权。"① 简而言之，运动战是正面地、直接地和迅速地攻击敌人；阵地战指的是避免与敌人直接而正面的斗争，在逐步扩大自身优势的前提下，不断侵蚀敌人的地盘，最终掌握领导权。葛兰西之所以要将无产阶级夺取霸权的策略区分为两种，这与他对西方资本主义国家的深入了解有着直接的关系。对于像俄国这样落后的东方社会，葛兰西认同列宁领导的俄国十月社会主义革命的革命方式，葛兰西将它称为"运动战"，即军事上正面地、直接地、迅速地攻击敌人，政治上直接破坏旧的国家机器，因为像俄国这样的国家，"国家就是一切，市民社会处于原始状态，尚未开化"，他们除了暴力镇压无产阶级革命别无其他方法，作为以意识形态为中心的文化霸权还没有形成维护封建王朝的堡垒，当政治国家被推翻的时候，统治阶级没有另外一层市民社会的保护，没有了堑壕和堡垒，现存的统治也就不复存在了。这样只需推翻封建王朝的政治统治，即暴力夺取政治权力，建立无产阶级的领导权，便能实现无产阶级革命的胜利。在俄国，市民社会没有形成，没有

---

① 梁涛、冯晓艳：《"阵地战"与社会主义文化建设——文化领导权对我们的启示》，《桂海论坛》2006年9月，第88~90页。

保护国家的能力，通过策划一场武装夺权斗争，实现权力转移，然后借助于国家政权的力量进行文化道德改造，最终建立起无产阶级的文化霸权。

但是在西方国家，尤其是先进的资本主义国家，"'市民社会'已经演变为更加复杂的结构，可以抵御直接经济因素（如危机、萧条等等）'入侵'的灾难性后果"。① 市民社会已经成熟，资本主义的文化意识形态已经占据了市民社会，牢牢控制了文化霸权，被统治阶级的世界观、文化观道德乃至生活都已经被同化，成为现代战争中的堑壕配系。也就是说，资本主义国家已经形成了一套复杂而严密的防御体系，较高的民主系统、较为普遍的社会保障制度、相对自由的经济政策等，都可以抵制各种不利于本阶级思想的侵蚀，因此，对于此堡垒坚固的敌人，采取正面而直接的攻击显然是不明智，无法夺取文化意识形态的霸权，即使武装推翻统治，也无法占领市民社会领域确立的防线，革命不会取得真正的胜利。事实证明，葛兰西对欧洲局势的分析是很正确的。在俄国十月革命的影响下，欧洲各国也爆发了几次较大的无产阶级革命运动，如匈牙利革命、葛兰西领导的意大利工人委员会运动，最后都是以失败而告终，无产阶级的组织均遭到严重的破坏。

关于葛兰西运动战的策略，概述起来可以分为三步。首先，无产阶级应当在夺取国家政权之前就取得文化霸权。在葛兰西那里，在文化和意识形态夺取领导权比政治霸权更为重要，也更为关键。这里葛兰西特别强调"对地形的充分侦察"，无产阶级要对资产阶级进行充分的侦察，了解资产阶级保卫其霸权的手段，这里面有外在的暴力国家机器，还有内在的"意识形态国家机器"。也就是说，资产阶级掌握了国家暴力机关，如军队、警察等武装力量，还有资本主义的生产关系确立的组织体系和工业体系，也包括资产阶级的民主机构和民主制度，如议会、政党制度、三权分立制度、工会等，以及资产阶级控制的文化意识形态传播机构，如学校、新闻机构、出版机构等。这一系列的制度和机构在政治领域

---

① 〔意〕安东尼奥·葛兰西：《狱中札记》，曹雷雨、姜丽、张跣译，中国社会科学出版社，2000，第191页。

和市民社会领域均建筑成资产阶级完整的堑壕和堡垒，维护着资产阶级的统治，牢牢控制着政治霸权和文化霸权。正是基于对这些堡垒的整体认识，葛兰西认为"夺取文化霸权是夺取政权本身的最重要的条件之一"。采取正面而直接的攻击显然是不明智，无法夺取文化意识形态的霸权，即使武装推翻统治，也无法占领市民社会领域确立的防线，革命不会取得真正的胜利，也就是说在文化和意识形态夺取领导权应该是西方无产阶级革命的首要任务，应该在夺取国家政权之前就要以文化霸权、以文化领导者的身份出现。

其次，掌握"教育"和"宣传"领域，重视有机知识分子、政党再教育在夺取市民社会文化霸权的重要地位。葛兰西认为发挥教育功能的学校和发挥约束与消极功能的法庭是构成统治阶级的政治和文化霸权的重要工具。要顺利开展阵地战，掌握文化霸权，关键是展开宣传和教育。葛兰西强调的教育不单单是指学校教学意义上的教育，而是教育的文化启蒙的功能，具体思路是新的有机知识分子通过教育促进平民百姓的文化启蒙和知识分子化，使有机知识分子与群众组成一个文化的和社会的集团。当然有机知识分子的产生与通过教育实现的民众知识分子化并不是时间上先后相随的两个独立过程，而是一个辩证的过程，知识分子作为"建设者""组织者""领导者"是与"普通"群众的"文化启蒙"活动相联系的，"群众把自己提高到更高的文化水平，同时向专门化的知识阶层扩大他们的影响范围，产生出具有或大或小的重要性的、杰出的个人和集团"。[①] 而且这种过程贯穿整个社会，"存在于整个社会中，适用于每一个个人同其他个人的关系。它存在于知识分子阶层和非知识分子阶层之间，统治者与非统治者之间，精英和他们的追随者之间，领导者和被领导者之间，先锋队和军队的主力之间。'领导权'的每一种关系必然的是一种教育关系"。[②] 资产阶级的阵地显然不可能为无产阶级的意识形态服务，为此必须建立自己的宣传教育机构，即各类文化组织和文化团体，在葛兰西看来，工人阶级必须建立三大组织：政党、劳动联盟和文化组织。此外，政党培育新型知

---

① 〔意〕安东尼奥·葛兰西：《狱中札记》，曹雷雨、姜丽、张跣译，中国社会科学出版社，2000，第246页。
② 〔意〕安东尼奥·葛兰西：《实践哲学》，徐崇温译，重庆出版社，1990，第33页。

识分子具有重要的作用,"政党之所以完成这个职能,依赖于自己的基本职能,这个职能归结起来是培养自己的干部、一定社会集团(作为'经济'集团产生和发展的)分子,直到把他们变成熟练的政治知识分子、领导者、各种形式活动的组织者和整体社会——公民社会和政治社会有组织发展所具有的职能的执行者"。①

最后,以运动战为主,但运动战也是一种不可或缺的革命方式。"在某种程度上,它可以与殖民战争或古老的征服战争相提并论,因为在这些战争中,获胜的军队同样要永久占领或假定依靠永久占领全部或部分被征服的土地。被击溃的军队缴械解散,但是政治领域和军事'预备'领域的斗争却在继续进行"。② 基于此理论认识以及自己的领导革命的实践经验,葛兰西提出了策略:"在政治上,只要还存在夺取非决定性阵地的问题,因而国家领导权的一切手段不可能都调动起来,运动战便会存在。但是,当非决定性阵地由于某种原因失去了价值,而唯有决定性阵地是成败关键时,人们才会转而采取围攻战;这是一场全力以赴的战争,需要特殊的耐性和创造性。"③ 在西方资本主义国家应该采取阵地战策略,而不应该采取暴力革命的运动战策略。无产阶级要获得文化领导权,必须经过漫长的过程并且需要许多重要的因素。

在西方马克思主义发展史上,葛兰西、科尔施与卢卡奇合称为三大开创性人物,他们三人都是从黑格尔传统来解读马克思主义哲学,都强调主体性与哲学的批判功能,都意识到意识形态批判和文化革命的重要性。卢卡奇从主客体同一的总体性辩证法出发分析无产阶级运动的问题,科尔施在回到马克思哲学的同时,突出强调"总体的社会革命理论",强调重建一种批判性的唯物主义,葛兰西则在将马克思哲学重新界定为实践哲学的同时,关注特定历史情形下的西方社会革命理论,并开创了一种新的理论——文化霸权理论。与学院式的学者相比,葛兰西的文化霸权理论不仅

---

① 〔意〕安东尼奥·葛兰西:《狱中札记》,曹雷雨、姜丽、张跣译,中国社会科学出版社,2000,第428页。
② 〔意〕安东尼奥·葛兰西:《狱中札记》,曹雷雨、姜丽、张跣译,中国社会科学出版社,2000,第185~186页。
③ 〔意〕安东尼奥·葛兰西:《狱中札记》,曹雷雨、姜丽、张跣译,中国社会科学出版社,2000,第428页。

在理论上实现了西方马克思主义传统的证成，而且在革命实践层面上也获得一定的验证，因此，以上三人均开启了重建马克思主义的动机，客观上开辟了西方马克思主义。但就西方马克思主义文化批判理论而言，葛兰西的文化批判理论为西方马克思主义批判理论发展和政治发展找到了新的目标和方向。在一定程度上可以说葛兰西真正开启了西方文化意识批判的潮流，使文化意识批判成为西方马克思主义批判理论发展的一种习惯。葛兰西的文化霸权思想对在现代性视野下构建中国特色社会主义的文化自信理论同样具有重要的指导意义和价值。

（责任编辑：杨鑫磊）

道德自信的生存论维度*

张达玮　陆玉瑶**

摘　要：在生存论的维度上，道德自信的现实既不完全是多元的道德观现状，也不完全是道德主体的差异性存在，而是两者之间不可化约的分裂性现实。道德是对人的生存方式的理解，人的生存先于道德的本质，人的生存样态从群体本位发展至个体本位，相应的道德观也从"为群体"性发展至"为个体"性。道德自信的现实基础是生存的自信而非纯粹意识的自信，生存的自由与幸福是道德自信的宗旨，开放与包容是道德自信的必由之路。

关键词：道德自信　视差之见　生存论　差异

在通常语境中，我们无须将义务与权利等道德问题诉诸它们在"存在之链"（the Great Chain of Being）中的位置，意即对通常道德问题的解决无须诉诸一个存在论（ontology）的基础，但是并不意味着道德问题没有以及不需要一个存在论基础。我们一旦开始思考道德问题的本质及其"是之所是""何以是"的问题时，我们便是在试图为道德的合理性与正当性寻

---

* 本文系 2016 年湖南省研究生科研创新项目（项目号：CX2016B621），2016 年吉首大学人文社会科学研究项目青年科研人才培育基金（项目号：16SKY003），2016 年湖南省差异与和谐社会研究中心项目（项目号：16JDZB010）的阶段性研究成果。
** 张达玮（1991～），山西运城人，吉首大学哲学研究所硕士研究生，主要研究方向为伦理学；陆玉瑶（1990～），甘肃武威人，吉首大学哲学研究所硕士研究生，主要研究方向为马克思主义哲学。

求一个坚实的根基。① 可以说，任何一种道德观都有其相应的存在论基础——生活世界。具体而言，这里的"存在论"就是"生存论"（existentialism），或者说"实践生存论"（practice-existentialism），生存论是存在论的现代形态，是对存在论的重新理解。② 道德自信的问题也有其相应的生存论基础，因为当我们思考道德自信的对象与主体的存在样态时，思考道德自信的基础、本质与目的等问题时，我们就不可避免地在逻辑上回到了"前道德"或"前道德自信"的领域，这个领域就是道德自信的"生活世界"，就是它的生存论维度。

一 对当今时代道德自信的前提批判

（一）道德观的多元现状

道德自信所面临的首要问题便是自信的对象是什么，以及我们所面临的道德现状是怎样的。如果我们承认这一点，即任何哲学都是时代精神的精华，或者更加准确的表述应该为任何哲学都是"当今"时代精神的精华，那么我们所要谈论的道德哲学就是"当今"时代的精华，我们所要探寻和践行的道德自信也必定是对"当今"时代道德文化的自信。如此一来，至少已经澄清了一点：当今时代的道德与文化自信不仅仅或不完全是对中国传统道德文化的自信。当今时代的道德样态当然包括（有）中国传统道德文化，但是"包括（有）什么"并不能说明"是什么"。

当今时代的道德文化观呈现多元交融的存在样态，已经达成共识的是，当今时代人们生活中的道德文化观至少应该包括如下三个方面：（1）以儒家为主流的中华传统道德文化观（包括佛家与道家等道德文化观）；（2）由西方传入的主要以欧美为代表的近现代道德文化观（包括基督教与伊斯兰教等道德文化观）；（3）以马克思主义为指导的中国特色社会主义道德文化观（可分为社会主义革命和建设时期的传统社会主义道德文化观与改革

---

① Nolan, "The Question of Moral Ontology," *Philosophical Perspectives* 28 (2014), pp. 201–221.
② 关于"生存论"以及"实践生存论"的论述参见邹诗鹏《生存论研究何以可能》，《哲学研究》2006 年第 12 期；邹诗鹏《生存论研究的论域与限度问题》，《哲学动态》2007 年第 12 期；邹诗鹏《马克思实践哲学的生存论基础》，《学术月刊》2003 年第 7 期；邹诗鹏《生存论研究》，上海人民出版社，2005。

开放实践中新生的道德文化观)。① 这些不同来源的道德文化观在人们的生活中相互交融又相互冲突、相互包容又相互独立,我们既不能说人们生活中的道德文化观就是其中之一,也不能说是三者的简单相加,毕竟我们已然难以区分人们的道德生活究竟在哪些方面遵循的是中国传统道德文化观,哪些方面遵循的又是西方道德文化观。也许我们可以追溯这些道德观的来源,但依然难以描述它们相互联系之后所产生的新的道德观。

道德自信首先是对"自己的道德文化"的信仰与践行,但是如上所述,在当今道德观多元化并存甚至冲突的情景中,我们应如何确立"自己的道德文化",我们要如何确立道德自信的对象?这里并不是一个"非此即彼"的问题——在当今社会已然不可能以一种道德文化观来否定和排斥其他形态的道德文化观,而是一个接受与否的问题,即我们能否在整体层面上接受这样一个多元并存甚至冲突的道德文化现状为"自己的道德文化"。而现实是,无论愿意与否,我们都不得不遭遇这样一种多元的道德文化现状,个体如此,群体亦如是。这是对当今时代道德自信的前提批判之一,即澄清道德自信不得不面临的对象——多元并存的道德观。

(二)道德主体的差异性存在

对当今道德自信的前提批判之二,在于明确道德自信的主体,以及回答"是谁的自信"这一问题。道德自信对象的多元性映射着自信主体的多元性。在传统哲学看来,理性是人唯一确定的本质,理性是人存在的根据;主体之所以为主体,就在于主体拥有理性能力,这一点在黑格尔哲学中得到了完备的论证,但是黑格尔之后的哲学家们都对理性—形而上学及其所阐释的人产生了怀疑,尼采、叔本华、克尔凯郭尔、马克思、胡塞尔、海德格尔甚至维特根斯坦等都主张哲学应该回到"前理性""前认识"与"前概念",回到苏格拉底、柏拉图之前的古希腊,主张从感性的、对象性的或意向性的"生活世界"中寻找人存在的根据。如此一来就打破了"人是理性的动物"这一在认识论层面对人的本质的把握,从而回到了哲学的真正领域——存在论,或曰生存论。

如果说传统哲学——形而上学所把握到的人是一种认识论层面的人,

---

① 参见杨学功《当前中国价值观冲突及其前景》,《天津社会科学》2013年第4期。

人的本质在某种意义上就是"知识"的本质，表现为抽象性与同一性；那么对比之下，我们可以说颠覆了传统哲学——形而上学的新哲学（感性存在论）所把握到的人是一种生存论层面的人，因而是现实的人与感性的人，① 人的本质就是他自身的感性—对象性活动，人的本质就在他自身的"生活世界"中不断敞开，表现为具体性与差异性。基于这种知识论与存在论的区分，两种不同视角下人的本质可以分别被表述为"同一性本质"与"差异性存在"。

无论是类、群体还是个体，人都通过与对象世界之间的差异确立起自身的存在与本质：人的类本质之确立在于人与自然界之间的自然差异与社会差异；人的群体本质之确立在于群体之间（国家、民族、性别等）的差异；人的个体本质之确立在于个体之间的差异。② 在现实的道德生活中，除了不容置疑的"全人类共同价值"，大部分情况下，人们在行为中所体现出的是一种群体的与个体的道德观，并且这些道德观的差异性存在并不必然服从于一种统一的规范性道德原则，人们在处理不同的道德问题时站在不同的立场上，遵循着不同的道德原则，不同的立场与不同的道德原则之间存在着不可化约的差异性。基于"人的差异性存在"这一现实，道德自信的主体便并不能被简单地归为某一群体、某一阶层或某一个体，在当今时代的道德生活中，我们应当认识到道德自信主体的复数性与差异性。

（三）道德自信的分裂性现实

道德自信的现实既不完全是道德观的多元现状（毕竟"现状"还不足以被理解为"现实"），也不完全是道德主体的复数性与差异性存在，而是多元的道德观与差异性道德主体之间的分裂，二者难以达到充分的契合，道德自信的所有问题即来源于此。如果单独分析道德观的多元现状，我们

---

① 关于"存在论的革命""感性存在论"等的论述，参见刘兴章《感性存在与感性解放——对马克思存在论哲学思想的探析》，湖南师范大学出版社，2009。
② 关于人的三种属性（类属性、群体属性、个体属性）与人的本质及存在之间关系的论述，参见易小明《差异与人之本质的生成样态》，《吉首大学学报》（社会科学版）1995年第1期；易小明《人的三重属性与人的二重属性》，《学术界》2005年第6期；易小明《文化差异与社会和谐》，湖南师范大学出版社，2008；陆玉瑶、张达玮《人的群体属性、社会属性与共在存在论——对于社会儒学的可能性探讨》，《人文天下》2016年第1期；等等。

似乎可以在其中找到足够令道德主体自信的内容，但是一旦将多元的道德观放入现实的道德生活中进行考虑，则会发现任何一种道德观都不足以表达现实的道德生活。同样的，如果单独分析道德主体的差异性存在，我们似乎可以找到一个先进的群体作为践行并实现道德自信的主体，但是这样的道德主体无法保障其普遍性和必然性。

为了进一步阐明道德自信的分裂性现实，我们将引入"视差之见"（the Parallax View）这一术语。① 视差就是由于观察者位置的变化，导致客体所发生的位移，并且观察者位置的改变提供了一种新的视角。视差之见不能被简单地理解为认识论问题，按照齐泽克的说法，"发生于主体视点层面上的'认识论'转移，总是对客体自身的'存在论'转移的反映"。② 质言之，"视差之见"是在生存论意义上对"视差客体"（parallax object）的把握，这种视差客体就是分裂客体（split object），分裂客体所处于其中的现实就是分裂性现实。

如上所述，道德自信中的视差分裂表现为道德观与道德主体之间不可化约的差异性。道德观与道德主体共同构成道德自信的现实，现实的道德生活与道德问题总是起源于各种冲突，道德观所代表的是理论上和原则上的诉求，而道德主体则提出特殊的现实要求；道德观有其自身的稳定性和权威性，而道德主体则总是试图打破和违背这种稳定性和权威性；道德观是从现实的道德行为中"分析"出来的，但一经"分析"出来就构成了道德行为的对立面，构成了主体观察道德问题的新视角，从而和道德主体形成分裂的现实。解决道德自信的问题首先就在于阐明问题本身，即认清道德自信的分裂性现实，并让自己创痛性地遭遇和接受这种现实。

二 道德之发展与人的生存方式之演变

（一）人之生存先于道德之本质

道德是单数的，而道德观是复数的；道德是一个抽象的概念，而道德

---

① 参见〔斯洛文尼亚〕齐泽克《视差之见》，季光茂译，浙江大学出版社，2014；〔斯洛文尼亚〕齐泽克《视差之见》，《国外理论动态》2005 年第 9 期。
② 〔斯洛文尼亚〕齐泽克：《视差之见》，季光茂译，浙江大学出版社，2014，第 26 页。

观是具体的和现实的。在现实的生活世界中只能分析出诸多具体的道德观;道德的发展史就是道德观不断丰富和变化的历史。当然,我们仍然可以提出"什么是道德"(What is the morality)这一问题,但是一旦提出这个问题,也就意味着:第一,道德是已然存在的东西;第二,道德只不过是一种知识。如此一来,道德与提问者所处于其中的生活世界就被这种二元的认识论分离开了,在这种情况下,现实的生活世界退居其次,道德只是作为一个抽象的被认识对象呈现在提问者眼前。也就是说,当提出"什么是道德"时,提问者就已经预设了一个知识论道德的立场,同时,也正是这种特殊的预设规定了提问者的提问方式。诚然,这种提问在知识论上是符合逻辑的,但是如果我们抛弃知识论的立场,站在生存论的立场来审视道德时,则发现这种提问并不那么合理与正当。

生存论的立场是,首先人生存于现实的世界中,遭遇着不同的道德问题,然后再去认识这个世界,认识道德的本质;生存不是以认识为基础,恰恰相反,生存为认识提供基础。那么对于回答"什么是道德"以及理解道德的本质这个问题,就需要一种新的预设——生存论的预设,这种新的预设要求提问者不满足于简单地提出"什么是道德",而要补充道"为什么人类需要道德"。通过对"为什么"的关照,才能够理解"是什么"的真正含义,"为什么"显示了道德与人类生存活动之间密切的关系。

因此,我们说人的生存先于(precedes)道德的本质,"先于"并非表明一种发生学层面的时间顺序,而是生存论意义上的逻辑顺序。于是人的存在与本质是怎样的,道德的本质就是怎样的;道德的发展是由于人的生存的发展,道德是"人"的道德,而非"神"的道德,道德的本质也就反映着人的现实生存与现实本质。各种具体的道德观其前提不是抽象的道德原则与规范,而是人的现实生存。这里也就回应了如何确立"自己的道德文化"这一首要问题,我们应该首先确立"自己的生活世界与现实生存",而非将"自己的道德文化"作为认识的对象,还原为多种不同来源的道德观。

(二)道德的为群体性与人的同一性本质

人最初通过自己的劳动从自然界脱离,首先确立起自己的类存在与类属性，我们可以认为人类最初的社会结构体现出"同一——类聚"的原则，① 但是人的群体性存在与群体属性并非产生于类存在与类属性之后，不能将类存在视为道德产生的唯一基础。最初的"类"同时也是"群体"，群体属性（群体之间的差异性与群体内部的同一性）与类属性（类同一性）共同构成了道德的生成基础。② 群体属性和类属性分别表达了人的两种生存样态，之所以说人首先确立起自己的类存在样态，是因为在逻辑上只有首先确立起自身的类存在，才能称之为"人"，但这只是认识论的逻辑；从生存论的逻辑来分析，人最初确立起自身的类存在时，同时也处于群体样态的生存中，甚至可以说，最初的"类"无不是被"群体化"了的，每个群体代表着一个"类"。因此，我们认为人的类存在不构成问题，只有当同是"类存在"的人选择和创造一种怎样的群体生活时（正义的或邪恶的、民主的或集权的），生存的问题才初步显现。这是因为，一旦提及（speak of）人，就已经预设了人的类存在，最初的生存现实地表现为体的样态，于是，最初的道德也就现实地表现为群体的样态，即"为群体"性。反而"为类"性作为一种生物性的本能被排除在道德视域之外。人类社会之初，由于生产力发展水平有限，群体的生存与发展优先于个体的生存与发展，并且群体之间的冲突与利益纷争也显著于个体之间的冲突，最初的道德也就相应地表现为"为群体"的道德。但是随着生产力的进一步提高，人的生存状态发生了个体化的转变，群体的本质不再是一个单数，而是由众多个体集合起来的复数性存在，"为群体"的道德受到了来自"为个体"的现实生存的挑战，"为群体"的道德观与道德规范不再满足"为个体"的现实需求。③

之所以在道德产生之初会出现"为群体"道德，乃是基于人类社会之

---

① 参见易小明《类同一性：道德产生的主体基础》，《伦理学研究》2005年第1期。
② 参见张登巧、杨盛军《类同一性与群体差异性：道德产生的可能性与必然性——兼与易小明商榷》，《道德与文明》2007年第1期。
③ 参见易小明《从传统道德观的认知失误看"为个体道德"生成的艰难性》，《哲学研究》2007年第6期；易小明《道德，走向为个体之艰难——从传统道德观的三种认知失误看为个体道德生成的艰难性》，载《传统伦理与现代社会——第15次中韩伦理学国际讨论会论文汇编（三）》（中国伦理学会、陕西师范大学、陕西省伦理学会主办），2007年8月。

初的群体性生存之现实。与之相对应的是，哲学最初对人的本质的理解也是一种群体的，可以表述为"人的同一性本质"。①"人是理性的动物"便是人的同一性本质的显著代表，甚至可以说整个传统哲学都将理性看作人的本质，并且构成人的本质的"理性"适合于人类内部的每一个成员，不能说存在于柏拉图身上的人的本质——理性，不存在于苏格拉底身上，我们正是基于这种"同一性本质"，才能够将质料和偶性不尽相同的差异个体称作共同的"人类"。人的"同一性本质"导致"为群体"的同一性道德，以致孔子呼吁如"克己复礼为仁"（《论语·颜渊》）的"为群体"的、同一性道德观。但是，今日之群体已非昔日之群体，今日之道德亦非为了往日之群体，因此，只有从现代哲学的新视角对中华传统的道德文化进行重新理解与重新诠释，才能够在现实的层面谈论对中华传统道德文化的自信。

（三）道德的为个体性与人的差异性存在

在认识论层面，我们可以说人的存在样态从类本位向群体本位发展，再发展向个体本位，并最终发展为三重属性和谐统一；在生存论层面，人类社会自始至终都存在着类本位、群体本位与个体本位之间的视差性分裂与斗争，人类也无时无刻地追求三重生存样态（三重属性）之间的和谐统一。道德在不同阶段的发展也就表现为不同本位之间冲突的历史。

当今时代的道德强调以人为本，包括群体的人，也包括个体的人，否则便不能称作根本意义上的以人为本。②但是个体之所以为个体，不是一个自然事实，而是一个价值事实，是就人的社会属性而言的个体。作为自然个体，人只是一个生物的和物理的存在，也就成了脱离人类历史（人类

---

① 所以称为人的"同一性"本质，乃是基于一种本质主义（essentialism）或本质论的哲学——形而上学观，本质主义的哲学观认为事物的本质在于内部抽象的同一，在于差异中的共性。具体参见卢风《两种科学观：本质主义与非本质主义》，《哲学动态》2008年第10期；俞宣孟《两种不同形态的形而上学》，《中国社会科学》，1995年第5期；俞宣孟《"本质"观念及其生存状态分析——中西哲学比较的考察》，《学术月刊》，2010年第7期；俞宣孟《本体论研究》（第3版），上海人民出版社，2012。

② "个人的事再大，也是小事；集体的事再小，也是大事"，个体的利益通常在这种维护整体利益的空泛口号下被忽略，反而违背了"以人为本"的初衷，关于"以人为本"的论述，参见王锐生《"以人为本"：马克思社会发展观的一个根本原则》，《哲学研究》2004年第2期等。

的现实生存）而存在的抽象个体，真正的个体一定是产生于社会生产与实践之中。从历史哲学的视角来看，人作为独立的、有个性觉醒的个体，并非一开始就存在的，而是经历了一个漫长的历史过程。①

如果按照本质主义的哲学观来看，个体是没有定义的，亦无法被定义，能够被定义的只能是类和群体；② 而反本质主义（anti‐essentialism）的哲学观则放弃了对人的定义，既不为群体和类下定义，也不为个体下定义，而是直面人的差异性存在本身。本质主义认为人的本质是已然生成的，只是作为知识的对象而存在，反本质主义认为人的本质是不断生成的，人是作为生存的主体而存在。在反本质主义看来，所有人共同分有的本质也不是"理性"，而是生存、生活、实践本身，人因此而确立自身的存在，人的个体差异性、群体差异性皆因此而来。

并且，当今的市场经济社会也突出了个体的生存和个体的利益诉求，"因为商品经济不可抗拒地要求个人成为民事法律所考虑的单位。这时候，用以逐步代替源自封建性权利义务的那种相互关系形式的，完全是个人与个人之间的关系，其形式就是当事人凭自己意志所签订的'契约'。"③ 随着现实生存状态的逐渐演变——由群体本位演变为个体本位，要求道德也要随之发展，因此，我们需要认识到"为个体"的行为也是道德的行为，既然道德是"为人"（for humanity）的，就不能仅仅把"为群体"性等同于"为人"性而忽略了"为个体"性也是"为人"性的一部分。④ 如此看来，道德自信就不能仅停留在对"为群体"道德文化的自信上，也要强调"为个体"道德的自信，以充分实现道德的"为人"性与真正的以人为本。

三 道德自信的生存论原则

（一）生存自信作为道德自信的现实基础

以上的论述可以总结为一点：道德的基础与本质既不是先验的心理体

---

① 参见王锐生《有个性的人——现代人的本质特征》，《江海学刊》1995 年第 3 期。
② 参见〔古希腊〕亚里士多德《形而上学》，苗力田主编《亚里士多德全集》第七卷，中国人民大学出版社，1993，第 173 页。
③ 参见王锐生《有个性的人——现代人的本质特征》，《江海学刊》1995 年第 3 期。
④ 参见易小明《从传统道德观的认知失误看"为个体道德"生成的艰难性》，《哲学研究》2007 年第 6 期。

验也不是先验的思辨逻辑与概念，更不是先验的神启与教条，而是人的生存现实。那么道德自信的基础与本质又是什么？或者说，道德自信究竟是一种怎样的自信？答曰：道德自信就是一种生存自信。通常语境中，"自信"是一种心理学意义上的自我意识，因而也是一种经验层面的自我意识，人们通过这种自我意识的觉醒能够敏锐地发现"自卑"与"自负"的现状，于是便寄希望于通过对"自卑"和"自负"的批判和扬弃来达到"自信"的目的，但是所用来批判和扬弃的武器依旧是某种心理意识和自我意识（无论是担当的意识还是自强的意识等），这种批判尚停留在"浪漫主义"的层面，还没有达到原则性的高度，因而通常语境中的"自信"还没有达到哲学讨论的高度。

如果将"道德自信"的实现诉诸通常语境中"自信"的实现方式，也就是将"道德自信"诉诸一种"浪漫主义"的自我意识，则不可避免地会遇到以下几个问题：第一，这种自我意识具有任意性，我们无法强迫每一差异个体都具有这种自我意识，因而"自卑"和"自信"永远对立并存；第二，这种自我意识极易"矫枉过正"，进入一种"偏执"的状态，继而偏离自己的初衷，导致"道德自负""道德霸权""道德绑架"等"坏的主观性"；第三，这种缺少原则的自我意识极易导致对"现实"的遮蔽，基于主观意识的"自信"所批判的只能是"实存"或"现状"，所表达的只能是对"实存"或"现状"的不满，所依据的只是思辨逻辑中善或恶的概念，至多是一些形式主义的道德规范，而没能认识到"实存"或"现状"的本质，因而也就根本无法认识到"实存与本质相统一"的现实，此之谓对"现实"的遮蔽。

所以，"道德自信"的现实基础不是一种先验的自我意识，不是一种"浪漫主义"的心理情感，而是对生存的自信，即生存自信。生存自信是从根本上同时也是从现实层面对"纯粹意识自信"的颠覆和否定，生存自信所表征的是把握到现实的自我意识；与其说生存自信所要表达的是一种善的规定性——理性形式的规定性，不如说生存自信彰显着现实生存自身的"强力意志"（will to power）——感性的力。生存自信为道德自信奠定了现实的基础，不是因为一种行为符合某种道德观而对这种道德观产生自信，恰恰相反，是因为道德观适应了生存的现实要求而成为"可自信的"。

这种能够对道德观提出要求的生存——自信的生存——不是一种理性生存，而是一种感性生存；理性生存徒具形式而无内容，感性生存是把握到实质内容的"有力"（powerful）的生存，因而这种生存也是"能够"自信的生存。

（二）自由与幸福作为道德自信的宗旨

我们当然可以通过思辨的逻辑对自由和幸福（freedom and well-being）做出分析，并通过逻辑的分析为自由和幸福下定义，然而这只是一种知识论的观念自由和观念幸福，只是一种抽象层面的自由和幸福，真正的自由和幸福必然地要从抽象走向现实，从思辨逻辑走向感性生存。抛开知识论的视角，生存论视角下的自由和幸福所表达的是一种必然的、自身证成的生存现实，反观知识论的自由和幸福，它预设了灵魂与身体、形式与质料（内容）的二元对立，且无法克服这种对立面之间的分裂。

那么这种表达生存现实的自由和幸福是如何自身证成的、如何显示一种绝必然性呢？按照阿伦·格沃斯（Alan Gewirth）的说法，自由和幸福必须被视为自身生存的"必需品"（necessary goods），因为如果没有自由和幸福，他将根本无法实现自身的意志或目的（purposes），而感性生存注定要通过"强力意志"来实现自己的目的和意志。如此一来，导致的结果就是每个人都要求并接受一种权利（rights）来维护自己的必需品——自由和幸福，理由同上。如果一个人打算"否认"这种绝对的权利——即否认自己拥有自由和幸福，则客观上"允许"别人来做决定，当然别人就可以决定他有自由和幸福，或者他没有自由和幸福。当别人决定他有自由和幸福时，不就和他之前的要求与接受相矛盾了吗？所以，为了避免这个矛盾，每个人都必须承认他有维护自由和幸福的权利。[①] 这种必然的、自身证成的权利，不应该在思辨逻辑的层面进行理解，而应在生存论层面将其理解为"强力意志"所导致的必然性。

自由和幸福的内涵既不是生物学的也不是物理学的——总而言之不是经验科学的，而是伦理学的和生存论—哲学的。仅仅从作为生物或物理事实的行为中难以感受到自由与幸福，一如仅仅从概念中也难以体会自由与

---

① Alan Gewirth, "The Child in Biological and Moral Contexts," *Philosophia* 32 (2005): pp. 3–18.

幸福，自由与幸福一定是两者的结合：跟行为有关的道德观与跟道德观有关的行为。只有当行为—生存—契合了相应的道德观，并且这种道德观契合了现实生存的本质时，人们才有理由将这种道德观视为己有，并相信它。如果对于现实生存没有一种相应道德观，或者与之相应的是一种过时的甚至错误的道德观，在这种分裂的情况下，人们是不可能在行为中感受到自由和幸福的，当然也就不可能将这种道德观视为己有，更谈不上去相信和践行，即使强迫人们在意识上接受这种道德观，现实的行为也会始终"真诚地"去违背它。道德自信只能由现实的自由和幸福来诠释——而不是相反，即从道德自信中诠释出自由和幸福。

（三）开放与包容作为道德自信的必由之路

当今时代是开放与包容的时代，不仅是被动的开放与包容，还是主动的开放与包容；不仅是观念的开放与包容，还是生存的开放与包容。一切观念的、文化的开放与包容都来自于生存的开放与包容。当今时代的道德观之所以呈现多元交融的样态，乃是由人们多元交融的生存方式决定的，新的生存方式催生着新的道德观，这种"新"建立在当代与传统之间的差异、自身与"他者"之间的差异、内部与外部之间的差异、保守与开放之间的差异、孤立与包容之间的差异之上。

对于个体的道德自信而言，开放与包容是必要的。从独立的、原子式个体观到独一无二的、差异性个体观的转变，其实意味着从抽象到具体、从孤立到开放、从"自我中心"到"生态中心"的生存论视角的转变。"生态"有必要得到一种生存论的理解（并非仅仅在生物科学和环境科学等领域的理解），即意味着一种"生态"的生存方式。"生态中心"的视角就是一种"机体的"（organic）、"共在的"（coexistence）道德观，包括人际生态（个体际、群体际以及个体—群体际的生态）、人—自然的种际生态等。个体的生存不可能脱离与他人的共在而"独在"，个体所遵循的道德观亦如是。个体只有在这种"共在"中要求（claim）自己的自由与幸福权利并尊重他人的自由与幸福权利，才能从内部生成自己的道德信仰，即个体的道德自信。

对于群体的道德自信而言，开放与包容也是必要的。群体较之个体，更加能够体现出一种系统性、生态性的存在，无论是系统还是生态，开放与包容都是自身生存与发展的必要条件，只有开放系统才能不断吐故纳新以保持活力，才能催生出适应新常态的道德观。群体的道德自信在于形成一套属于自己的道德观，并内化到个体的道德生活之中。对于外部而言，群体的道德自信表现为群体之间的平等对话与平等交流，对于内部而言，群体的道德自信表现为个体对群体道德的拥护与信赖。因此，群体不仅要面对外部秉持开放与包容，还要面对自身与内部怀有开放与包容。

四 结语

对当今时代道德自信的前提批判意在阐明道德自信的分裂现实，为提出正确的问题——非心理学和社会学层面的问题而是哲学—生存论意义上的问题提供便利。导致如此之现实的生存论层面原因就在于人的生存方式的演变，以至于不够成熟的或相互冲突的新道德观不断涌现，但无法完全表达人的生存本质。因此，解决问题的原则——同样的，不是心理学或社会学的原则而是生存论的原则——就在于明确道德自信的现实基础——生存自信；能够维护生存自由与幸福的道德观才能够被视为己有，才能够成为自信的道德观；无论是个体还是群体，开放与包容都是维持道德自信的必由之路，这种必然性是由生存的开放性与包容性决定的。

（责任编辑：杨鑫磊）

论文化自信的来源

李丹蕾*

摘　要：习近平总书记在多次讲话中都提到文化自信，这充分表明中国共产党对文化力量的认知与把握更趋成熟，同时也表明文化自信已成为建设中国特色社会主义的强大力量。文化自信，顾名思义就是对我们所处其中的文化拥有一份自豪感。这种文化自信不是无源之水、无根之木，它既有丰厚的历史滋养，又有现实的革命再造；既源于我们优秀的传统文化，也源于以马克思主义为指导的中国特色社会主义文化，更源于中国共产党的领导。我们要坚定文化自信，不断进行文化创新，决不能产生文化自负的心理，但同时也不能妄自菲薄，产生文化自卑感，我们要以正确的态度面对本民族文化。

关键词：文化自信　来源　文化创新

2014年3月，习近平总书记在参加十二届全国人大二次会议贵州代表团审议工作时指出："一个国家综合实力最核心的还是文化软实力，这事关精气神的凝聚，我们要坚定理论自信、道路自信、制度自信，最根本的还要加一个文化自信。"[①] 2016年5月17日，习近平总书记在全国哲学社会科学工作座谈会上发表重要讲话时再次提到文化自信，他指出："坚定

---

*　李丹蕾（1991~），女，山东临沂人，中共山东省委党校硕士研究生，主要从事思想政治教育方面的研究。

① 范晓峰、郭凤志：《关于中国特色社会主义文化自信的几点思考》，《思想教育研究》2016年第7期。

中国特色社会主义道路自信、理论自信、制度自信，说到底是要坚持文化自信，文化自信是更基本、更深沉、更持久的力量。"在建党95周年大会上，习近平总书记又一次强调了"四个自信"。习近平总书记强调，文化自信是中国共产党对文化的深刻自觉，同时也是时代对我们的要求。

一　文化自信的含义

要想弄清楚什么是"文化自信"，首先要明确什么是"文化"。文化是一个非常广泛的概念，给它下一个严格和精确的定义是一件非常困难的事情。不少哲学家、社会学家、人类学家、历史学家和语言学家一直在努力，试图从各自的学科角度来界定文化的概念。然而，迄今为止仍没有获得一个公认的、令人满意的关于文化的定义。"文化"一词一向有大小之分、广义和狭义之别。在中国民间，就曾把"识文断字"，即上过学，受过教育，有知识，叫作"有文化"，这大概是最狭义的文化概念了。学界在界定文化时又往往把它说成"人类在社会历史发展过程中所创造的物质财富和精神财富的总和"，由此文化成了一个几乎无所不包的广义概念。我们现实中所强调的文化，则特指"观念形态的文化"，即由思想信念、宣传教育、新闻出版、学术思想、文学艺术、价值观念等构成的领域，这是介于最"小"和最"大"之间的"中"义文化。而"文化自信"，顾名思义，就是对文化的一种自信，那到底是一种怎样的文化呢？笔者更愿将其定义为"中"义程度的文化。

关于什么是文化，到目前为止，差不多已经有200种定义。其中，学术界公认的被称为"人类学之父"的英国学者泰勒是第一个在文化定义上产生重大影响的人。泰勒对文化所下的定义是经典性的，他在《原始文化》中说："所谓文化或文明乃是包括知识、信仰、艺术、道德、法律、习俗，以及包括作为社会成员的个人而获得的其他任何能力、习惯在内的一种综合体。"[1] 英国著名文化人类学家马林诺夫斯基认为："文化是指那一样传统的器物，货品，技术，思想，习惯及价值而言的，并且包括社会

---

① 〔英〕泰勒：《原始文化》，蔡江浓编译，浙江人民出版社，1988，第1页。

组织。"① 美国著名人类学家克莱德·克鲁克烘（Clyde Kluckhohn）教授认为，文化指的是某个人类群体独特的生活方式，既包含显性式样又包含隐性式样，它具有为整个群体共享的倾向，或是在一定时期中为群体的特定部分所共享。② 苏联有的学者认为，文化是受历史制约的人们的技能、知识、思想感情的总和，同时也是其在生产技术和生活服务的技术上、在人民教育水平以及规定和组织社会生活的社会制度上、在科学技术成果和文学艺术作品中的固化和物质化。③ 法国学者维克多·埃尔（Victor Hell）认为："文化就是对人进行智力、美学和道德方面的培养，文化并不是包括行为、物质创造和制度的总和。"④ 而在中国，最先使用"文化"一词的是西汉的刘向，他在《说苑·指武》中写道："圣人之治天下，先文德而后武力。凡武之兴，为不服也；文化不改，然后加诛。"这里，他把"文化"与"武威"对举，认为"文化"的基本含义便为"文治教化"。⑤

综上所述，德语中的文化一词常含有极深邃的精神意义，而英美一些国家的文化一词常常寓含着社会的、政治的意义。在古代汉语中，文化就是以伦理道德教导世人，使人"发乎情，止于礼"。给文化下一个准确的定义的确非常困难，并且在不同的文章中文化有着不同的含义。在这里，笔者所认为的文化是人类在生活中所形成的通过社会遗传下来的伦理道德、价值观念、思想信念、学术思想，甚至还包括科学技术以及文学艺术等，并且这些东西还将可能一代代遗传下去。它既包括无形的也包括有形的，但其中精神层面占据主要地位。

而对于"文化自信"，不同学者也给出了不同的定义。云杉指出："文化自信，是一个国家、一个民族、一个政党对自身文化价值的充分肯定，对自身文化生命力的坚定信念。"⑥ 简言之，文化自信就是充分肯定我们民族五千年的文化价值，坚定发展中华民族文化的信心。董学文则进一步阐

---

① 〔英〕马林诺夫斯基：《文化论》，费孝通等译，商务印书馆，1946，第2页。
② 王威孚、朱磊：《关于对"文化"定义的综述》，《江淮论坛》2006年第2期。
③ 王威孚、朱磊：《关于对"文化"定义的综述》，《江淮论坛》2006年第2期。
④ 〔法〕维克多·埃尔：《文化概念》，康新文、晓文译，上海人民出版社，1988，第54页。
⑤ 王威孚、朱磊：《关于对"文化"定义的综述》，《江淮论坛》2006年第2期。
⑥ 云杉：《文化自觉 文化自信 文化自强——对繁荣发展中国特色社会主义文化的思考（中）》，《红旗文稿》2010年第16期，第4页。

述:"文化自信是我们对理想、信念、学说、优秀传统有一种发自内心的尊敬、信任和珍视,对我们核心价值体系的威望和魅力有一种充满依赖感的信奉、坚守和虔诚。文化是一个民族生生不息的血脉与灵魂,要在理念上和实际行动中同时提高文化自信。"① 刘林涛认为,文化自信的概念可做如下界定:"文化自信是文化主体对身处其中的作为客体的文化,通过对象性的文化认知、批判、反思、比较及认同等系列过程,形成对自身文化价值和文化生命力的确信和肯定的稳定性心理特征。具体表现为文化主体对自身文化生命力的充分肯定,对自身文化价值的坚定信念和情感依托,以及在与外来文化的比较与选择中保持对本民族文化的高度认可与信赖。"② 也有学者认为,文化自信是一个民族或国家在时代变革中既能保持自我又能面对世界的标识,一方面,对自身文化的价值和历史传统有充分的肯定,另一方面,对当前的文化状态有清晰的认知,对自身文化的未来发展有坚定的信心。③ 还有一些人认为,就哲学层面而言,文化自信是人类所特有的一种具有超生物性、超自然性、超现实性的文化生命机能,是人类社会实践在个体生命内部建构的高级文化结构,也是人类主观能动性和文化创造性的具体表现。④

尽管上述专家学者对"文化自信"给出了不同的定义,但笔者认为也存在某些问题。一方面,关于"文化自信"中的"文化"的界定,大部分学者在研究中只是笼统指出传统文化和先进文化,并没有对文化做一个明确的界定;另一方面,很多学者对"文化自信"的理解仅仅表现为对待文化的一种自信态度,忽视了自信是一个由内向外的心理过程。所以,根据学界研究的成果,笔者认为,文化自信是指国家、民族、政党甚至是每个人在清晰认识本民族文化(前面笔者所论述的)的基础上对自身文化理念和价值的充分肯定,对自身文化发展的坚定信念以及对自身文化精髓的传承、弘扬和创新。

---

① 董学文:《论文化自觉和文化自信》,《文艺报》2011年9月6日,第3版。
② 刘林涛:《文化自信的概念、本质特征及其当代价值》,《思想教育研究》2016年第4期,第21页。
③ 张雷声:《文化自觉、文化自信与社会主义核心价值体系》,《思想理论教育导刊》2012年第1期。
④ 刘士林:《中华文化自信的主体考量与阐释》,《江海学刊》2009年第1期。

二 文化自信的历史底蕴及现实再造

从一定意义上说,文化自信不是一个国家、一个民族、一个政党对自身文化的孤芳自赏、自娱自乐,更不是文化上的夜郎自大、盲目自负。只有在世界历史的视野和与其他民族文化的比较中显示出优势,文化自信才能客观呈现出来。"文化自信不是凭借单纯主观的意志和想象即可树立的,究其根本,文化自信要在历史的纵向比较和时代的横向比较中,以及对历史和时代发展的趋势和潮流的把握中才能确立起来。"① 我们的文化自信绝不是无源之水、无根之木,它既有着丰厚的历史滋养,又有着现实的革命再造。

(一) 文化自信来源于优秀的传统文化

从历史深处走来的传统文化一直是我们骄傲和自信的源泉,可以说,中国人的文化自信应该是与生俱来的。被称为"中国最后一位儒家"的梁漱溟先生认为:"当近世的西洋人在森林中度其野蛮生活之时,中国已有高明的学术美盛的文化开出来千余年了。四千年前,中国已有文化;其与并时而开放过文化之花的民族,无不零落消亡;只有他一条老命生活到今日,文化未曾中断,民族未曾灭亡,他在这三四千年中,不但活着而已,中间且不断有文化的盛彩。历史上只见他一次再次同化了外族,而没有谁从文化上能征服他的事。"② 梁漱溟先生说得极对,我们不仅有漫长辉煌的"原始文明"时期(古史传说中的五帝时代),而且在经历了夏、商、西周文明之后,在人类文明的"轴心时代"(春秋时期)出现了伟大的思想家孔子和老子,他们对人类自身命运与人性精神进行反思和追问所形成的思想准则,塑造了中国后来的文化主导形态。儒家思想不仅保证了2000多年来中国古代经济、政治、文化艺术等的持续发展与繁荣,而且对日本、朝鲜、韩国以及越南等周边国家都产生了深远的影响。一直重视建立"汉字文化圈"以抵御墨西哥、美国、加拿大的经济一体化与欧洲联盟的日本学者加藤周一在提到《论语》对日本民族未来精神的影响时指出:"21世纪

---

① 范晓峰、郭凤志:《关于中国特色社会主义文化自信的几点思考》,《思想教育研究》2016年第7期。
② 梁漱溟:《中国文化的命运》,中信出版社,2010,第22~23页。

的日本,再也不能像现在这样,在没有伦理的境地中拖拉下去。长期以来,《论语》已经作为我们的精神支柱,即使不能全面吸收,对其中的积极部分,我们还是有必要加以重新审视。"① 一个日本学者尚能看到《论语》对他们的重要价值,我们中国人怎能不为我们的传统文化感到自豪。

从先秦百家争鸣、汉唐文化到宋词元曲,从四大发明、天文科学到农业技术,社会各领域的成就无一不是我们中华民族值得骄傲的瑰宝。在五千年文明发展进程中,中华文化建立起讲仁爱、重民本、守诚信、崇正义、尚和合、求大同的优秀价值体系,孕育出天人合一、为政以德、和而不同、自强不息、厚德载物、天下为公、义以为上、知行合一等重要的思想观念,确立了自强不息、敬业乐群、扶正扬善、扶危济困、见义勇为、孝老爱亲等传统美德,而"己所不欲,勿施于人"更成为全球伦理的黄金法则。这些优秀的文化传统是中华民族最根本的精神基因,它为中华民族的生生不息、发展壮大提供了丰厚的滋养。这些优秀的文化传统传递至今,塑造了中华民族和现代中国丰富的哲学思想、人文精神、教化思想和道德理念。这种文化之根、民族之魂,理当成为中华民族文化自信的源泉;理当成为中国特色社会主义道路自信、理论自信、制度自信得以发展、不断创新的深厚基础;理当成为人民文化气质、文化精神、文化内核、文化身份的标志性符号。

德国历史学家、哲学家斯宾格勒在对世界文化进行类型划分时,把中华文化作为一种独立的文化形态,与西方文化、阿拉伯文化、印度文化并列,折射出其对中国传统文化价值的肯定。梁漱溟先生在《东西文化及其哲学》一书中将世界文化分为西洋文化、中国文化和印度文化三大类别,并分别进行了评价,由此亦可见中国传统文化在世界文化史上的地位。不仅如此,对于中国传统文化,历代中央领导集体也给予了高度评价。1999年12月,江泽民同志在为《院士科普书系》作序时指出:"十五世纪之前,以中华文明为代表的东方文明曾遥遥领先于当时的西方文明。从汉代到明代初期,中国的科学技术在世界上一直领先长达十四个世纪以上。在

---

① 〔日〕加藤周一:《21世纪与中国文化》,彭佳红译,中华书局,2007,第298页。

那个时期,影响世界文明进程的重要发明中,相当部分是中华民族的贡献。"① 2008年5月,胡锦涛在日本早稻田大学演讲时指出:"中国是一个具有悠久历史的国家,也是一个正在发生深刻变革的国家。在5000多年文明发展的漫长进程中,中华民族以勤劳智慧的民族品格、不懈进取的创造活力、自强不息的奋斗精神创造了辉煌的中华文明,为人类文明进步作出了重大贡献。"② 2014年4月1日,习近平总书记在比利时欧洲学院曾自豪地指出:"2000多年前,中国就出现了诸子百家的盛况,老子、孔子、墨子等思想家上究天文、下穷地理,广泛探讨人与人、人与社会、人与自然关系的真谛,提出了博大精深的思想体系。"③ 所有这些都充分证明,中华文化博大精深,我们为拥有这独特而悠久的精神世界而感到自豪。

(二) 文化自信来源于以马克思主义为指导的中国特色社会主义文化

在东西文明的相遇中,中国传统文化遭遇了前所未有的挑战。西方不仅以武力征服了东方,同时也以其文化动摇了国人的文化观。从当时的历史来看,社会整体上对文化的历史作用和发展缺乏一个全面科学的认识,不是掉进了无自信状态,就是陷入了"天朝上国"般的盲目自信或是以文化为用的虚假自信中。思想的混乱状态阻碍了我们对自身文化的定位。十月革命一声炮响送来的马克思主义,为文化的发展提供了科学的理论基础和方法。

1. 坚持以马克思主义为指导体现了真理与价值的统一

真理是认识主体对客观对象及其规律的正确反映。马克思主义的真理性不仅体现在世界观中,而且还包含在方法论中。马克思主义是"人类在19世纪所创造的优秀成果——德国的哲学、英国的政治经济学和法国的社会主义的当然继承者"。④ 马克思的全部天才就在于,他不仅如实反映了事物的现象,而且正确揭示了事物的本质和规律。由马克思所创立的马克思主义哲学把唯物主义和辩证法结合起来,把唯物主义对自然界的认识推广到对人类社会的认识,由此而创立的唯物史观第一次系统地揭示了自然、

---

① 《江泽民文选》第二卷,人民出版社,2006,第490页。
② 胡锦涛:《在日本早稻田大学的演讲》,《人民日报》2008年5月9日。
③ 习近平:《在布鲁日欧洲学院的演讲》,《人民日报》2014年4月1日。
④ 《列宁选集》第二卷,人民出版社,1995,第309~310页。

社会和人类思维的一般规律，把伟大的认识工具交给了人类，特别是交给了无产阶级和最广大的劳动群众。由马克思所创立的马克思主义政治经济学科学地揭示了资本主义经济发展的规律，创立了剩余价值理论，从而第一次系统地阐明了资本主义生产方式发生、发展和灭亡的历史必然性，阐明了无产阶级在资本主义发展的整个历史时期的真正的地位和作用。除此之外，马克思主义坚持一切从实际出发、实事求是、理论联系实际以及实践是检验真理的唯一标准。马克思主义是顺应时代发展的要求而创立的，它也会随着时代的发展变化不断自我丰富和完善。理论联系实际原则的贯彻，反映了马克思主义与时俱进的理论品质。马克思主义不是一种故步自封的学说，而是在其发展的每一阶段都不断吸收同时代社会科学和自然科学发展中任何有价值的科学成果。马克思主义不是要求人们向它膜拜的"终极真理"，而是从发展着的世界中不断丰富自身并为人们认识世界、改造世界阐发出新的理论。正如恩格斯所说："我们的理论不是教条，而是对包含着一连串互相衔接的阶段的发展过程的阐明。"[1]

在社会生活中，人们的行动都有自觉的目的性，都在追求一定价值主体的利益，各种思想、观点的背后都有对利益的追求。掩盖这个事实是虚伪的，所以马克思和恩格斯说："'思想'一旦离开'利益'，就一定会使自己出丑。"[2] 但是，在阶级社会和阶级还没有完全消灭的社会中，存在着不同乃至根本对立的利益，因而人们行为的正当性或价值合理性就在于追求大多数人而不是少数人的利益。工人阶级的特殊历史地位就在于，它处在资本主义社会的最底层，因而只有解放全人类才能最后解放自己，只有消灭一切阶级对立才能消灭作为阶级的自身，才能用自由人联合体代替阶级对立的社会，实现人的自由而全面的发展。[3] 这就表明，工人阶级的利益同最广大人民的根本利益完全一致，对于社会未来的发展来说，它代表的是整个人类的利益。正如马克思所指出的："无产阶级的运动是绝大多数人的，为绝大多数人谋利益的独立的运动。"[4] 这一根本性质决定了有

---

[1] 《马克思恩格斯选集》第四卷，人民出版社，2012，第586页。
[2] 《马克思恩格斯文集》第一卷，人民出版社，2009，第286页。
[3] 田心铭：《为什么必须坚持马克思主义的指导地位》，《马克思主义研究》2009年第3期。
[4] 《马克思恩格斯文集》第二卷，人民出版社，2009，第42页。

且只有它能代表最广大人民的根本利益,这就是我们坚持马克思主义指导地位的价值合理性所在。

总之,坚持以马克思主义为指导体现了真理和价值的统一。共产党人所讲的"理",是最大的道理,有两条。一条是实事求是,从实际出发,这就是"真",是我们的真理;一条是为人民服务,代表最广大人民的根本利益,这就是"善",是我们的价值准则。我们之所以要坚持马克思主义的指导地位,就是因为只有它才符合这些科学真理和价值准则。

2. 中国特色社会主义文化具有强大的生命力

中国特色社会主义虽始于毛泽东的探索,但成型于邓小平。它在本质上是要解决在社会主义制度下中国社会主义的现代性发展方向问题,解决在中国社会主义发展中如何使中国人民过上幸福生活这一难题。任何贫穷、阶级分化、剥削、贪污、腐败等非正义的问题和现象,都应该在社会主义现代性的发展中得到解决。这是因为,社会主义现代性是对残缺的资本主义现代性的校正,它要求更多的理性、自由、民主、平等,而不再是残缺的资本主义现代性的重现。今天,中国特色社会主义文化正在不断壮大。它确保了人权与财产的合法化保护,它建构起基本的社会公平与正义的制度框架,它建立起覆盖中国城乡的社会保障体系,它融合了中华民族优秀传统文化的价值体系,它吸取了资本主义现代性文化的优秀成果,它避免了僵化的社会主义发展模式,它孕育与发展出社会主义核心价值观(体系),它在今天展现出以爱国主义为核心的民族精神和以改革创新为核心的时代精神:这些都已经成为中国特色社会主义文化凝聚中国人民的精神力量,给人以精神鼓舞。

当代中国文化不是自我封闭的文化,而是基于中国传统文化,根据时代发展不断推陈出新的,为人民群众、为社会主义服务的,面向现代化、面向世界、面向未来的,民族的、科学的、大众的社会主义文化。它既不同于传统文化,也不同于西方文明,是融中国国情和时代发展精神为一体的先进文化,代表了中国文化的发展方向,体现了最广大人民的利益,反映了时代发展趋势,具有强大的生命力,能为社会主义现代化建设提供推动力和凝聚力,能为处于现代化建设中的广大人民群众提供安身立命之所,能为中华民族世界形象的重塑提供精神支撑。新中国成立以来,尤其是改革开放以来，在社会主义先进文化引领下，我国文化建设取得了有目共睹的成就：文化体制改革顺利推进，文化的国际影响力不断提高，人民群众的精神文化需求不断满足。这种先进文化的强大生命力和巨大成就作用到人的心理上必将端正文化态度，提升文化自信心，凝聚人心，从而进一步促进文化繁荣。

（三）文化自信来源于中国共产党的领导

中国共产党自成立以来就一直以高度的文化自觉探索文化建设之路。从以毛泽东为核心的第一代领导集体开始，面对近代以来思想界的文化争论，中国共产党承担起了重塑中国文化的责任。在马克思主义指导下，中国共产党科学地分析了中国文化的性质、地位、目的以及发展目标，提出了建设"民族的科学的大众文化"的任务，批驳了盲目的国粹论、西化论，指明了中国文化的发展方向。新中国成立后，在新民主主义文化的基础上，毛泽东提出了建设社会主义文化的任务，指出文艺要为"最广大的人民群众、首先为工农兵服务的方向"，并提出了"百家争鸣、百花齐放、推陈出新、洋为中用、古为今用"的方针，为中国特色社会主义文化的建设奠定了重要基础。改革开放以来，在继承毛泽东思想的基础上，中国共产党继续推进文化建设，提出了建设社会主义精神文明、社会主义先进文化、社会主义和谐文化，推进社会主义核心价值体系建设的新任务与新要求，将文化建设置于社会主义事业"五位一体"的总体布局中，走出了中国特色社会主义文化发展道路。在党的十七届六中全会上，胡锦涛同志指出，要坚持中国特色社会文化发展道路，"培养高度的文化自觉和文化自信，提高全民族文明素质，增强国家文化软实力，弘扬中华文化，努力建设社会主义文化强国"。[①] 中国特色社会主义文化发展道路的形成，反映了中国共产党对文化建设规律的进一步把握，指明了我们未来社会主义文化的发展方向、动力、目标、格局等。

在中国共产党的领导下，我们以世界视角关注文化发展，以一种开放的心态积极融入世界文化交流之中，并在此过程中不断反思自我，汲取精华，弥补不足；同时，不断扩大中国文化的影响，提升国家软实力。中国

---

① 《中国共产党第十七届中央委员会第六次全体会议公报》，2011年10月18日。

共产党对待各种文化奉行的不是拿来主义,而是在深刻反思中国传统文化生命力的基础上,通过理论创新来推动文化发展。正如党的十七届六中全会所总结的那样:"中国共产党从成立之日起,就既是中华优秀传统文化的忠实传承者和弘扬者,又是中国先进文化的积极倡导者和发展者。"[①] 因此,我们必须坚持中国共产党的领导,只有坚持中国共产党的领导,我们才能更自信地屹立于世界民族之林。

三 坚定文化自信,不断进行文化创新

任何一个国家的文化都有它的传统、它的根本。抛弃传统、丢掉根本,就等于割断了自己的精神命脉,就会丧失文化特质。对于当今中国来说,深厚的民族传统文化、马克思主义指导下的中国特色社会主义文化以及中国共产党的领导就是我们文化安身立命的根基,是我们在世界文化激荡中站稳脚跟的"定海神针",必须始终不渝地坚持,千方百计地弘扬。而坚持和弘扬我国优秀传统文化以及中国特色社会主义文化,始终保持文化自信,这需要我们正确看待本民族文化,不断地进行文化创新。

(一) 坚定文化自信,克服文化自卑和文化自负心理

所谓"文化自卑",是一种在对待自身文化价值上的轻视、怀疑乃至否定的态度和心理。所谓"文化自负",是一种在对待自身文化价值上的自满自足和妄自尊大的态度和心理。与这种文化上的自满、自大相伴随的,往往是文化上的故步自封、因循守旧,同时也包含和折射出一种对外来文化的恐惧和戒备心理。所以,无论是文化自卑还是文化自负,其都是一种文化不自信的表现。坚定文化自信,首先必须有自知之明,要辩证地看待本民族文化,积极地正视我们的历史,扬弃、克服那种民族性的、潜在性的、片面性的文化自我认知,既不夜郎自大也不妄自菲薄,对身处其中的文化有一个全面、理性的认识,自觉地树立积极正向的文化自我认同。其次,要有知人之明,所谓知己知彼,百战不殆。要加强各民族文化之间的交流,研究各民族文化的优劣,取长补短。从世界文化发展的历史看,哪种文化交流得多,哪种文化发展就快。最后,要有容人之量,所谓

---

① 《中国共产党第十七届中央委员会第六次全体会议公报》,2011年10月18日。

海纳百川,有容乃大。坚定文化自信要有海纳百川、博采众长的包容性。过去,我们一味地孤芳自赏、封闭自守,以对立的心态对待别的文化,"宁要社会主义的草,不要资本主义的苗",不吸收别人之长,结果路越走越窄。

(二) 不断进行文化创新,奠定文化自信的基础

增强文化自信需要在传统文化、马克思主义、外来文化三大方面下功夫,而其根本出路就在于对这几部分文化进行创新。① 文化创新是汲取中华民族传统文化精髓、增强民族文化自信的需要。文化创新是增强马克思主义说服力、增强国内主流文化自信的需要。文化创新是适应文化全球化趋势、增强国际文化自信的需要。② 创新是一个民族进步的灵魂,是国家兴旺发达的不竭动力。唯有创新,才能增强文化自信。

第一,在继承中华民族优秀文化传统的基础上进行文化创新。马克思就曾指出:"人们自己创造自己的历史,但是他们并不是随心所欲地创造,并不是在他们自己选定的条件下创造,而是在直接碰到的、既定的、从过去承继下来的条件下创造。"③ 这说明文化具有传承性。我们要继承优秀的文化传统,当然不是所有的优秀文化都需要被继承,继承优秀文化要考虑到对文化优良传统的梳理和总结,继承中华民族优秀文化主要是指继承具有优良传统的优秀文化。要对优秀文化进行创造性发展,实现对传统文化内容和形式方面的创新,善于转变传统优秀文化的时代语境和话语体系,真正汲取其精华,发挥优秀民族文化的当代价值,为实现中华民族伟大复兴的"中国梦"提供精神文化动力。

第二,大力发展文化事业和文化产业。文化创新的物质载体是文化事业和文化产业。只有发展好文化事业和文化产业,才能真正实现文化创新。随着经济全球化的发展以及我国改革开放的推进,不同国家的文化产品和文化理念源源不断地涌进来。一些强势文化产品占据了我国文化市场

---

① 亓静:《文化创新:增强文化自信之路》,《内蒙古大学学报》(哲学社会科学版) 2014 年第 5 期。
② 亓静:《文化创新:增强文化自信之路》,《内蒙古大学学报》(哲学社会科学版) 2014 年第 5 期。
③ 《马克思恩格斯选集》第一卷,人民出版社,2012,第 669 页。

的相当一部分。因此，我们要大力发展文化事业和文化产业，努力抵挡外来文化的侵袭，同时也要大力发展科学技术尤其是互联网技术，做到与时俱进，适应文化全球化浪潮，将中国的优秀文化推向世界。

第三，坚持中国共产党的领导。面对纷繁复杂的国际和国内社会文化环境，只有巩固好党的文化领导地位，才能保证中国特色社会主义文化建设沿着正确的轨道和方向发展。历史和现实的实践证明，中国共产党是文化创新的领导力量。代表无产阶级的中国共产党是执政党，理应在意识形态领域以马克思主义作为根本指导思想，使其占据主流文化地位。只有不断增强马克思主义思想理论的说服力和感召力，才能巩固其主流地位、增强其自信，而创新是根本出路。

只有自信于中华民族优秀传统文化的和谐基因，自信于中国特色社会主义文化中的爱国主义和改革创新精神，自信于中国共产党的领导，才能在今天纷乱的文化竞争中坚定自己的文化价值理念和文化发展立场；才能认同并坚持中国特色社会主义文化的现代性价值理念，保证中国特色社会主义道路在思想意识上不会走上其他国家经历过的老路与邪路；才能在世界文化发展前景不明朗的局面下坚持自己，不为外界所动。而当今实现文化创新的最深刻意义在于，借此历史机遇实现中华民族的伟大复兴，以一种新的姿态屹立于世界的东方。

（责任编辑：肖世伟）

和谐社会视域下儒家人文精神对道德建设的意义

徐亚州*

摘 要：人文精神是儒家的核心价值诉求，其包含的"人本精神""忧患精神""乐道精神""笃行精神"，贯穿着儒家经典，勾勒出儒家两千多年的发展脉络。在社会主义精神文明建设的新时代，如何应对西方个人主义、自由主义的冲击，实现具有中国特色的、切实有效的道德建设目标，已是不可避免的时代课题。本文通过对儒家人文精神的重新发掘，以时代视角重新诠释"人本精神""忧患精神""乐道精神""笃行精神"，将其灌注于当下的道德建设，从而使其为社会主义精神文明建设强基固本。

关键词：儒家 人文精神 道德建设

从《论语》、《孟子》、《荀子》以及《礼记》等先秦儒家典籍中，我们可以管窥先秦儒家思想中丰富的人文精神。践行"人文精神"的结果就是使"人"成为"人"，展现出人类特有的"人道之圣"与"人道之美"，进而自觉有别于动物。通过后天的道德教育与自我修养所具有的"人文精神"，可以使人在自觉自主的行为活动中体现出"人"特有的内蕴。西方的个人主义、自由主义逐渐流毒于当今社会，急需"臻于至善"的儒家"人文精神"洗涤人民的心灵，使人们自觉正行在文明人的规范之中，引

---

* 徐亚州（1990~），山东师范大学马克思主义学院应用伦理学硕士研究生，主要研究方向为应用伦理学。

和谐社会视域下儒家人文精神对道德建设的意义

领我们到至贤至圣的道德彼岸。"人文精神"的践行与弘扬，对于裨助人们道德境界的升华与理想人格的实现以及社会主义和谐社会的构建皆有重要的现实意义。以"人本精神""忧患精神""乐道精神""笃行精神"为主要内涵的儒家人文精神，充满至上的情操，对增助当代社会的和谐与稳定发挥着重要作用。

一 儒家人文精神的要旨

《周易·贲卦·象传》中这样写道："文明以止，人文也。"可见，富含至上道德情操的人文精神有着悠远历史。中国的人文思想从上古商代殷人迷信鬼神开始，有着浓烈的迷信色彩。古人迷信嗜卜，认为天是一切的主宰，能赐福降祸，所有山川风雨自然物皆有神灵。古人处处小心祭拜祀奉，实为对鬼神与未知世界的敬仰。周代以降，礼乐典章的建立，使人们逐渐摆脱了迷信嗜卜的信仰，开启了"宗教人文"的新章程。

儒家人文精神之人本思想的体现。儒家的人本精神以肯定人的自我价值与社会价值为出发点和归宿。儒家的圣人是积极入世的，具有兼善天下、至贤至圣的道德追求。儒家所倡导的经邦济世、建功立业的理念与对协和万邦理想社会的向往，必然难以与人本主义思想割裂。樊迟问孔子什么是仁，子曰："爱人。"[①] 孔子认为人的价值高于万物，"仁"是孔子思想的核心，亦是其一生的理想追求。管窥其"仁者爱人"的思想，虽有一定的阶级烙印，但不可否认其"泛爱众"与"博施"中浓厚的人文思想。主张性善论的孟子继承与发扬了孔子的"仁爱"思想，认为人无有不善，爱人行善是对君子之道的践行，蕴含着浓烈的人本色彩。孟子主张要以"仁"为自律准则，对他人要仁德友好，对国家要关注民生疾苦，这无不体现着其人本主义精神。主张性恶论的荀子同样认为人经过后天必要的学习与道德教化必然能具备"仁者爱人"的君子人格。管窥荀子"化性起伪"与"重法爱民"的言论，亦可见其中所富含的人本主义色彩。从《论语》、《孟子》、《荀子》以及《礼记》等先秦儒家典籍中，我们可以管窥先秦儒家思想中丰富的人文精神，"仁者爱人"与"唯人为贵"更是儒家

[①] 《论语》，岳麓书社，2011，第126页。

人本思想内涵的集中体现。

儒家人文精神之忧患思想的体现。儒家忧患意识，其实质是一种道德责任感与时代使命感的自觉。孔孟都处在"礼乐崩坏"的时代，很多人无视周朝基本的礼仪规范，儒家先贤试图维护周朝的礼乐文明，也就注定要具有"忧国""忧民""忧道"等忧患意识。孔子的忧患意识体现在多个方面："克己复礼"的社会责任、"泛爱众"与"博施"的人文关怀、"经世致用"的留名意识、"任重道远"的奋斗精神。管窥孔子言论可见其浓烈的社会责任感与时代使命感。礼乐崩坏与连年征战的特殊社会环境，使得至贤至圣的孔子产生了强烈的"忧国""忧民""忧道"意识。子曰："军旅之事，未之学也。"① 孔子"仁者爱人"的人本思想，使其对战争深恶痛绝，为了避免人民遭受战争的痛苦，拒绝学习军旅知识，这亦是孟子民本论的思想滥觞。主张"经世致用"的孔子具有强烈的事功留名意识，这种留名意识是与"仁"不可割裂的，是用"仁"来实现利国利民的丰功伟绩。曾子曰："士不可以不弘毅，任重而道远。"② 在礼乐崩坏与连年征战的特殊社会环境下，儒家先贤试图以"仁"道力挽狂澜，救世人于水火，尽显其崇高的救世理想。孟子曰："皆古圣人也，吾未能有行焉。乃所愿，则学孔子也。"③ 孟子作为孔子思想的继承者，其思想也具有强烈的"忧国""忧民""忧道"等忧患意识。可见，具有强烈道德责任感和历史使命感的儒家先贤，其强烈的忧患意识在其言论中尽显。

儒家人文精神之乐道思想的体现。在乐道思想上中西方人文主义有着明显的不同，儒家以求道得道为乐趣，而西方求道得道的目的是使人更加睿智。子曰："一箪食，一瓢饮，在陋巷，人不堪其忧，回也不改其乐。"④ 管窥孔子言论，可见他乐享的不是声色犬马的物欲，而是求道得道的高贵情怀。何谓孔子之"道"？曾子曰："夫子之道，忠恕而已矣。"⑤ "忠"体现的是"尽己之心"，"恕"体现的是"推己之心"。"忠"与"恕"内含

---

① 《论语》，岳麓书社，2011，第158页。
② 《论语》，岳麓书社，2011，第81页。
③ 《孟子》，中华书局，2008，第47页。
④ 《论语》，岳麓书社，2011，第58页。
⑤ 《论语》，岳麓书社，2011，第36页。

于"仁"之中,不能割裂。孔子"磨而不磷"与"涅而不缁"的乐道精神,滥觞于其对"仁"的坚定信念。先秦儒家的乐道有三个层面:君子、贤人、圣人。三者的乐道境界既相互联系又逐渐升华。君子之乐具体展现在学习、交友以及志向等方面。孔子认为"学而时习之"与"有朋自远方来"都应该是君子乐享的事情。管窥孔子"朝闻道,夕死可矣"① 的言论,可见孔子认为君子应当乐享"仁"道与至死不渝的至高志向。第二种乐道境界是贤人之乐,亦即"知命"与"立命"之乐。尧曰:"天之历数在尔躬,允执其中。"② 孔子亦在告诫人们应当坚定自己的信念与方向,不辜负自身所担当的历史使命。具有高度社会责任感与历史使命感的贤人,将个人之乐主动提升到国家之乐的层面,把君子乐道精神上升到贤人乐道精神。第三种乐道境界是圣人之乐,亦即"安贫忘利"与"仁且智"之乐。孔子赞赏颜回在一箪食、一瓢饮的情况下能够不堪其忧且乐享曲肱之乐,可见其推崇至贤至上的圣人之乐。儒家认为,只有经过艰苦的磨炼才能达到圣人"磨而不磷"与"涅而不缁"之乐。

儒家人文精神之笃行思想的体现。《礼记·儒行》中这样写道:"儒有博学而不穷,笃行而不倦。"倡导"知行合一"与"积极入世"的儒家思想必然内含丰富的笃行精神,这样才能达成经世致用的目的。管窥儒家"知行合一"与"积极入世"的言论可见其对实践的重视,其致力于道德教育受众的道德实践能力的培养,避免空洞的理论说教。《周易》中这样写道:"天行健,君子以自强不息。"儒家的笃行精神强调的首先是"自强不息"与"经世致用",进而是实现自己的人生价值。孔子认为,只有"无终食之间违仁"的身体力行,方能达到至贤至圣的道德境界,可见强调实践智慧与笃行精神是儒家先贤的重要特质。马克思主义强调,道德修养不是单一的闭门思过,而是与革命实践相联系的自我完善。学习、慎独、积善等道德修养的方法,皆内含丰富的实践智慧,脱离笃行精神的道德修养方法势必与"仁"道渐行渐远。儒家的笃行精神不仅体现在个人道德修身方面,亦体现在识人方面。子曰:"今吾于人也,听其言而观其

---

① 《论语》,岳麓书社,2011,第34页。
② 《论语》,岳麓书社,2011,第205页。

行。"① 先贤们通过观察人的行动，观其是否有笃行精神，进而识人用人。儒家强调的"克己复礼"与"反求诸己"，皆要求我们要通过不断的努力践行笃行精神，以达至个人道德境界的升华。

二 儒家人文精神对当代道德建设的意义

1. 儒家人文精神中人本思想对当代道德建设的积极意义

儒家先贤主张以"仁"为自律准则，对他人要仁德友好，对国家要关注民生疾苦，这无不体现着其丰富的人本主义精神。"以生通死"的儒家先贤认为勇于承担自身的社会责任与历史使命是生命意义之所在。如果用"未知生，焉知死"的消极被动的思想来诠释儒家的生死观，显然是片面的也是不科学的。儒家先贤在丧葬祭祀中所表现出的谨慎追远的态度，其实质是对至高生命价值的祈求。儒家对死亡的议题并非视而不见，而是通过"存而不论"与"慎终追远"的态度，表达了儒家对生命的敬重以及超越生命境界的至高追求。儒家先贤并不担忧死亡的来临，担忧的是"三不朽"的无法实现。儒家认为立功、立言、立德的"三不朽"不仅彰显了人的特质，亦使生命得以永恒。子曰："志士仁人无求生以害仁，有杀身以成仁。"② 孔子认为人的肉体生命是有限的，而通过对"仁道"的践行可使精神生命得以永存。孟子曾经这样说道："生我所欲也，义亦我所欲也，二者不可得兼，舍生而取义者也。"③ "舍生取义"的孟子继承发扬了孔子的生死观，其强烈的殉道精神对在当代物欲横流的社会中迷失自我的人们具有巨大精神冲击，对人们正确价值观的树立具有重要意义。管窥儒家"杀身成仁"与"以生通死"的言辞，其追求的是比生命更重要的"仁义"，致力于"立功、立言、立德"的实现，强调生命的意义与精神的不朽，对裨助当代青年树立正确的价值观具有重要的现实意义。

2. 儒家人文精神中忧患思想对当代道德建设的积极意义

儒家忧患意识，其实质是一种道德责任感与时代使命感的自觉。作为人文精神主要内涵的忧患思想，对于增助当代社会的和谐与稳定发挥着重

---

① 《论语》，岳麓书社，2011，第44页。
② 《论语》，岳麓书社，2011，第160页。
③ 《孟子》，中华书局，2008，第205页。

要作用，对于裨助当代道德建设有着积极意义。儒家强调的"克己复礼"的社会责任，是对这个充斥着西方个人主义、自由主义的当今社会的巨大冲击，对于当代青年强烈责任感与责任意识的树立发挥着深刻的作用。儒家强调的"泛爱众"与"博施"的人文关怀，亦是对和谐、友善、文明等社会主义核心价值观的实际践行。儒家认为"仁"普遍地存在于每个人的内心，"仁义"的践行是生命意义的本质所需。子曰："至于道，据于德，依于仁，游于艺。"① 儒家认为"仁"既是人们行为处事的依据，又是处理人与人之间关系的准则。儒家倡导的"泛爱众"与"博施"思想，对于社会主义和谐社会的构建以及社会主义核心价值观的践行皆有直接的效力。事功留名的儒家倡导"修身、治国、平天下"，其留名意识是与"仁"不可割裂的，是通过"仁"来实现利国利民的丰功伟绩。儒家这种通过行"仁"来事功留名的意识，是对西方拜金主义、名利主义的腐朽思想的有力回击，对当代青年正确世界观、人生观、价值观的树立皆有积极影响。管窥儒家"士不可以不弘毅，任重而道远"的言论，可见其强烈奋斗意识与拼搏精神。儒家忧患意识中强调的道德责任感与时代使命感，是对社会主义核心价值观的践行与弘扬，对于裨助当代道德建设具有直接且深刻的现实意义。

3. 儒家人文精神中乐道思想对当代道德建设的积极意义

儒家先贤乐享的不是声色犬马的物欲，而是求道得道的高贵情怀。孔子的乐道精神是建立在"一箪食，一瓢饮"的物质基础之上的，与孟子认为的道德不需要任何物质支撑相比，更具有科学意义。儒家的乐道精神要解决的就是个人利益与国家利益之间的矛盾。子曰："君子喻于义，小人喻于利。"② 一方面，孔子主张要保证个人合理正当的利益不受侵犯；另一方面，孔子认为个人在国家民族大义之前要先义后利、见利思义。责任引发的善良的动机与结果给予道德以崇高的价值，当代青年应当志存高远，把国家利益与集体利益放在首位，立志做一个具有强烈道德责任感与历史使命感的国家栋梁。"为人民服务是社会主义道德原则规范从'应然'到

---

① 《论语》，岳麓书社，2011，第 66 页。
② 《论语》，岳麓书社，2011，第 37 页。

道德'实然'转化的价值动因"①，每个公民的履职尽责亦是维护社会和谐稳定、推动社会发展前进的重要保证。青年是国家与民族的脊梁，肩负着党和国家的重大历史使命，应当继承与弘扬儒家先贤"安贫乐道"的奋斗精神，为社会主义事业的发展不断努力。儒家这种追求人生正道、坚守本心德性的乐道精神，对于培养当代青年高尚的道德情操与增进人们爱物的悲悯胸怀具有重要的现实意义。儒家这种安贫乐道的精神是一种至贤至圣的高尚情怀，对于当前物欲横流的社会，亦是一种新的道德疗法。

4. 儒家人文精神中笃行思想对当代道德建设的积极意义

儒家所强调的"知行合一"与"经世致用"在本质上凸显的是道德实践的重要意义。和谐社会视域下的道德建设应当避免空洞的理论道德说教，吸取儒家笃行精神的内涵，着重培养道德教育受众的道德实践能力。儒家的笃行精神是循序渐进的，从君子到贤人再到圣人，其道德境界是逐渐升华的，以期达到至贤至圣的理想人格。脱离儒家笃行精神的学习、慎独、积善等道德修养的方法，难以实现道德境界的升华，亦会与"仁"道渐行渐远。脱离笃行精神的当代青年难以胜任党与国家赋予的历史重任。"克己复礼"的孔子对"仁义"的诠释，目的是让人们能够理解到自己的职责与责任。儒家先贤认为人们不应仅仅遵循外在空洞的礼仪条文，更为重要的是要把握到"礼"的精神实质，进而践行于生活与事业之中。儒家的人文精神以肯定人的自我价值与社会价值为出发点和归宿。个人脱离了笃行精神，"仁义"无法实际的践行，自我价值与社会价值亦难以实现。儒家认为生命的意义在经邦济世与建功立业中才能得以体现，实现协和万邦理想社会的意义远超个人的生死。人在践行"仁"的道德实践中超越了自身，实现了生命的终极价值，才能超越命理达到生命的永恒。因之，道德修养不是单向的闭门思过、修身养性，"而是与革命实践相联系的自我完善"②。儒家的圣人是积极入世的，其兼善天下、至贤至圣的道德追求必然内含着丰富的笃行精神。儒家人文精神中的笃行意识，对社会主义精神

---

① 唐凯麟：《伦理大思路》，湖南人民出版社，2000，第331页。
② 罗国杰：《伦理学》，人民出版社，1989，第461页。

文明建设与激发当代青年努力提升个人道德境界，皆具有重要的现实与理论意义。

概言之，以"人本精神""忧患精神""乐道精神""笃行精神"为主要内涵的儒家人文精神，满怀至上的情操，对于增助当代社会的和谐与稳定发挥着重要作用。在社会主义和谐视域下倡导与弘扬儒家人文精神的精髓，必将增助社会主义核心价值观的培育与践行，对裨助当代道德建设具有重要的现实与理论意义。

（责任编辑：郭锡超）

弘扬优秀传统文化与提升公民道德素质
——关于"文化自信与道德建设"的一种思考

王鲁宁*

摘　要：文化自信是道路自信和制度自信的条件和基础。没有了文化自信，道路自信和制度自信就失去了理论支持。中国优秀传统文化是中华民族传统道德文明传承、发展的前提和基础，提高文化自信，继承和弘扬中国优秀的传统文化，对加强道德建设、提高道德素质都是十分有益的。社会主义核心价值观与中国传统文化有着密切联系，中国传统文化蕴含着中国人的幸福文化、幸福哲学，中国传统幸福观也是社会主义核心价值观建构中不可或缺的思想源泉之一，它和中国其他传统文化思想共同成为社会主义核心价值观构建的民族基础。从本质上说，中国传统文化是一种德性文化，包含丰富的传统美德和传统幸福观念，是社会主义核心价值观的基础，弘扬中国优秀传统文化是加强社会主义核心价值体系建设和提高公民道德素质的有效途径。

关键词：优秀传统文化　公民道德素质　文化自信　道德建设　传统幸福观

　　建成惠及13亿人的小康社会，全面实现现代化，必须坚持理论自信、道路自信、制度自信与文化自信，充分发挥中国特色社会主义的理论优

---

* 王鲁宁（1959~），山东淄博人，济南社会科学院文史哲所、济南社会主义核心价值观研究中心研究员，主要从事哲学、伦理学研究。

势、道路优势与制度优势，而不能跟在西方发达国家后面亦步亦趋。理论自信和文化自信是先导和前提，是道路自信和制度自信的条件和基础，没有了理论自信和文化自信，道路自信和制度自信就失去了理论支持；道路自信和制度自信是关键和要点，没有道路自信和制度自信，理论自信和文化自信也就失去了存在的依据。而这三个自信共同的文化基础是不能缺失的。习近平在庆祝中国共产党成立95周年大会上的讲话中指出，全党要坚定道路自信、理论自信、制度自信、文化自信。文化自信，是更基础、更广泛、更深厚的自信。在五千多年文明发展中孕育的中华优秀传统文化，在党和人民伟大斗争中孕育的革命文化和社会主义先进文化，积淀着中华民族最深层的精神追求。伴随着中华民族文化自觉意识的空前觉醒，及时对中华民族基本价值观与思维方式进行纲举目张的学理分析也就有了迫切必要性与现实可能性。应当指出，小康社会的建成不仅是让人民过上殷实富足的物质生活，而且是让人民享有健康丰富的文化生活。我们要坚持文化传承、学习借鉴、文化创造与道德建设相互支撑，积极传承优秀传统文化，借鉴人类文明成果，不断提升大众的道德素质，以开拓创新的勇气进行文化创造，从而以人的根本利益为出发点，进一步提高人的自信和道德品质，激发人的创造潜能和爱国热情，建立起一个与每个人息息相关的"文化强国"。

一 中国优秀传统文化：中华民族传统道德文明传承、发展的前提和基础

优秀传统文化包括意识、思想、道德、风俗、艺术、制度、习惯等具体内容，是经过历史的长期积淀，被大众所共同认同、崇尚宣扬效用的人文诉求。而相应的文化修养，是指文化的修身养性，满足精神求欲、教化人生的美好追求。任何民族都有其特定的传统传承、历史凝练的延承和大众认同的文化，这形成了民族的传统文化，它是各种思想、观念及价值形态汇集的总和。其核心价值观、价值尺度、文化标准、思维方式与政治信条，经过一定时期的价值定位与凝练，成为顺应时代变迁与引领时代的智力支撑。因此，提升中国传统文化与现代文化价值融合的哲学修养，就要在承继传统中顺应与未来相适应的政治反应与政治选择。

中国传统文化价值体系，是以中原为核心，向外辐射传播，用法国学者芮因柯特的话来说，即"阳光文化"的文化心态和思维定式①。这极大地抑制了中国统治者与士绅对异质的西方文化的积极意义的认知能力。中国传统的主导价值体在认知异质的西方文化时，就显示出巨大的文化惰性。② 中国幅员辽阔，文明悠久，人口众多，对外部世界难以产生强烈的兴趣，也难以产生见微知著的危机意识，缺乏强有力宗教传统作为政治统治的辅助整合力量，这就促使官学化的儒家意识形态不得不经由理性化的方式，向宗教化、信仰化发展，从而一身兼两任地拥有掌管政治秩序与道德秩序的双重能力。对于一种异质的文化的判识，犹以客观求实的世俗化的认知功能来实现。对于民族传统秩序的"神圣性"，需要以宗教化的意识形态学理来考证，以此巩固传统的宗法秩序。然而，由于中国传统官学化的儒学、士绅官僚安身立命的意识形态，其认知与信仰实际上合为一体，这就使深受儒学浸淫的士大夫、官绅阶级很难摆脱儒学的类似宗教意义的思维理念及信仰，去判识和理解西方异质的工业文明的价值意义，其结果必然是对西方文明在认知上的扭曲与错位、在态度上的封闭和排斥，产生巨大的文化惰性。③ 因此，中国传统文化在近代才具有如此强大的保守性。我们应当理性地对待西方文化，提升传统文化与现代的融合，借鉴西方文明，建构现代文化价值体系以顺应社会转型。

优秀传统文化反映了民族的特征。文化的民族性是民族精神、民族特性、价值观念、思维方式、国民品性、人格追求、伦理情趣等思想文化的本质特征。文化的民族性特质，区别于各民族的文化心理和文化结构，具有超越时代、阶级的内容和精神。中国传统文化承载着中华民族的基本价值追求，蕴含着中华民族的民族精神，有着独特的民族特质。中国传统文化作为一个复杂的庞大系统，在其数千年的发展中，也逐渐积累了某些不良因素，这些不良因素已经成为社会发展的阻力。在提升中国传统文化现代价值的民族性、建设社会主义先进文化的过程中，应当发掘中国传统文

---

① 〔法〕芮因柯特：《中国的精神》，哈佛出版公司，1965，第107页。
② 萧功秦：《儒家文化的困境：中国近代士大夫与西方挑战》，四川人民出版社，1986，第167页。
③ 胡化凯：《简论儒家思想的生态伦理学意义》，《自然辩证法通讯》2011年第1期。

化的正面价值，以文化的民族性，审视、发掘、转化民族传统文化的优秀成分，以弘扬和培育文化创新为途径，积极参与全球化的进程，提升中国传统文化的当代价值，增强民族文化的世界性。

价值观与思维方式是内在统一的。二者既有一体性即互涵互摄的内在关联，也有独立的各有侧重的不同表述。就宽泛意义而言，特定的价值观总是对应着特定的思维方式，有时我们甚至可以说价值观与思维方式是高度重合的。譬如，"天人合一"这个概念就既包含着思维方法，又包含着价值追求。因此，说它是思维方式当然可以，说它是价值观也并无不可。而就划分标准与表述侧重而言，价值观主要是针对价值判断与伦理取向而言的，而思维方式则主要是针对思想言行的方式方法而言的，二者有着相对明确的区分。再者，价值观与思维方式原为西方文化系统下的学术概念，因而除了考察中华民族文化特定成俗的本土化表达之外，我们在界定中华民族价值观与思维方式时还应自觉对比西方文化的价值观与思维方式这一系统。例如，与以原罪论为人性基础的西方民主价值观对应的是以性善论为人性基础的东方民本价值观，而与西方文化天人二分的思维方式相对应的则是东方文化天人合一的思维方式。正是鉴于此，我们把上述"天人合一"概念纳入思维方式范畴似乎更为方便合适。实际上也只有在东西方文化的鲜明比照中，我们才会更加自觉地意识到中华民族价值观与思维方式的永恒价值。

传统文化作为一种文化形态，其本身就具备文化科学价值。无论是物质的还是非物质的，都具有极高的文化价值。中国传统文化的主体是儒家文化。它的现代价值，首先表现在对其他文化的开放性以及它的道德规范和伦理道德观上。这是中国传统文化能够发展到今天并在现代社会发生作用的一个基本前提。但传统文化或儒学的开放性还有特定的意义，那就是其主张每一个体对于他所生活于其中的社会国家的开放性，强调个人对社会国家具有参与感。这种参与感的特点是重在参与的实践过程本身，而不是过分看重当下的功利性的结果。中国现代化实现的文化动力，在于具有引领作用的稳定的先进文化形态。中国梦成为当今中国社会的主题，是中国传统文化的体现，也是中国优秀传统文化的传承和发展。

道德作为社会意识形态，是上层建筑的重要成分，它离不开社会的经济基础，随着社会物质生活条件的变化而变化。综观历史的长河，每一时代的伦理道德观无不打上了时代的烙印。古代以及近现代前期，我们统称为"前现代社会"，这一时期农耕生产力的低下，导致社会运行以人口的再生产为中轴，社会生活的中心是人与人的关系，因而调节人与人关系的道德及其规范是社会运转的中心内容，道德生活是那个时代生活的中心目的。资本主义生产方式的出现，释放出物质资料生产的巨大能量，彻底地改变和转换了人类社会生活的中心内容；生产力的高速发展，使曾经支配和决定了社会存续的以德性为中心的伦理道德的影响力逐渐下降。当代著名的伦理学家麦金太尔在其所著的《德性之后》一书中详尽地描述了人类自工业革命以来在社会物质生活进步的同时，也产生了前所未有的道德危机。我国在转型期的道德乱象也折射了这种世界性的时代潮流。

进一步思考，我们会发现，在人类社会的长期发展过程中，不仅道德的重要性随时代的变化发生了变化，就是标志道德自身的所谓道德水准普遍所达到的高度，也不是一成不变的，而是经历了一个曲折的变化过程。中华民族传统道德文明的主体是所谓儒家伦理学说，这个学说的创始人孔子提出以"仁"为核心的思想体系，主张社会治理的主要方式是对人民实行道德教化，"道之以德，齐之以礼"（《论语·为政》），而教化的内容是推崇"君子喻于义，小人喻于利"的义利关系准则。后学孟子更进一步，《孟子》开篇即提到"何必曰利"，更有"不义而富且贵，于我如浮云"之说，把本来起高了的调子唱上了云端。而孔学的另一位继承者荀子认为，是人都存在"饥而欲饱、寒而欲暖、劳而欲休"（《荀子·性恶》）的基本生存需求，并针对其提出了"隆礼重法""礼法一体"的社会治理模式，后世的法家就是从这里发轫的。但是荀子和法家在历史上"恶名昭著"，不被视为治国理民的"道统"。

自从汉武帝"罢黜百家，独尊儒术"以来，儒家的"三纲五常"维系了封建社会几千年的运转，这种高调的道德规范在东方生产力水平低下的社会中，借助政治的力量，在一个封闭社会中对民众进行灌输和宣传，进而约束和规范其行为。民众对待这种单一的强大的"主流意识形态"，其实很少有自愿选择的空间，只有被动接受的份，而对其内容中所普遍存在的与人的基本生存本能和生存欲望相冲突的部分，更是缺少反抗的勇气和力量。当然,这种伦理道德提倡的崇高理想对于引领和造就封建社会的社会精英功不可没,但它主要是为了方便统治者进行统治。历代统治者利用儒家伦理道德,大力宣扬"克己复礼""安贫乐道""舍生取义""杀身成仁",这些多半都是宣传口径。民众对旧道德的觉醒和不满,在"五四运动"以后开始爆发。

中华文明绵延几千年,历史悠久,是世界上少数几个没有中断过的文明之一。我们传统的儒家学说在对待"礼"与"法"的关系上,正宗的主张是"德主刑辅",就是对于社会上人们思想意识与行为规范的调节,以道德手段为主、法律手段为辅。中国作为四大文明古国之一,其源远流长的传统文化就是其深厚精神的再现。我们不能数典忘祖,遗弃它,而是应该把它发扬光大。中国的传统文化以儒家思想为代表,提倡仁义礼信,教化人民,倡导建立和谐有序的礼仪之邦。儒家思想中的道德理念与规范体现了正确的人生观与价值观、认识论与方法论,不仅在过去也在未来都可作为规范人们行为的准则,张君劢认为:"复兴儒学是中国文化现代化的根本途径。"比如,孔子曰"克己复礼,天下归仁",朱柏庐《治家格言》云"读书志在圣贤,为官心存君国"。① 这些无不告诫人们不仅要洁身自好,更要爱家爱国。中华优秀传统文化中体现家庭道德伦理方面的孝文化也是其重要组成部分。当今的社会,人们的生活水平提高了,然而道德问题频出。常见媒体报道一些不孝敬老人、不养老人互相推责的现象。孝文化在几千年的中华文明发展史中,一直是无数中华儿女的行动指南和传统美德,是中华民族不断繁衍生息的重要精神支柱和生命源泉。因此,传承孝文化、提升道德素养也是文化强国的一个方面。2013 年 7 月 1 日开始,不回家看望老人将属违法,不仅说明国家对老年人的关怀,也充分说明国家对精神文明和道德文化建设的重视。

二 中国传统幸福观:孕育滋养社会主义核心价值观的道德基因

社会主义核心价值观与中国传统文化有着密切联系,中国传统文化蕴含着中国人的幸福文化、幸福哲学,中国传统幸福观也是社会主义核心价

---

① 朱柏庐:《治家格言》,上海古籍出版社,1993,第 221 页。

值观建构中不可或缺的思想源泉之一，它和中国其他传统文化思想共同成为社会主义核心价值观构建的民族基础。从本质上说，中国传统文化是一种德性文化，包含着丰富的传统美德和传统幸福观念，是社会主义核心价值观的基础。中国历史上形成的核心价值观融于博大精深的传统文化之中，社会主义核心价值观吸收了中国传统文化的有益成分。从这一意义上讲，中华传统幸福观念与社会主义核心价值观之间也必然具有一定的内在联系。中国传统文化蕴含着丰富的幸福体验和幸福思想，儒学的幸福思想与实践把整个中国传统文化上升到幸福理论的高度，比较深刻地揭示了中国传统文化的幸福本质，自觉地按照幸福学的要求对儒、佛、道三家的经典进行系统的探析，全面地把握和阐释中国传统文化的幸福之道与幸福之术，将有可能把对中国传统文化的认识提升到一个新的高度，为中国传统文化的研究开辟了一个新的园地。中国的传统文化是以幸福为思想内核和价值取向，以研究和实施正确的幸福理念，形成科学合理的幸福观为主要内容的文化形态和文化现象。其核心理念是如何把一种正确的、合理的、科学的幸福理念植入人们的生活，使人们的决策与行动遵循幸福的准则或幸福的特性，即幸福文化所倡导的基本原则，包括简单原则、适度原则、道德原则与和谐原则等。在这种幸福原则的指导下，人们方得以科学、有效地获取和享受幸福生活。探讨中华传统幸福观念与社会主义核心价值观的内在关联问题，有助于解决社会转型时期人类的价值失范、价值真空、道德危机等一系列问题。

中国传统文化的三大主流学派儒、道、佛在知性自足这一点上都有一致而明确的表述。诸家皆认为"道出性生"，故求道皆以内求为共同方法，不但追求主观精神的满足，且无不以"自省""自悟""反求诸己"为唯一途径，这反映了传统文化及幸福思想的共同之处及其包含的幸福之道术。中国传统幸福思想的发展在时间上并不具有那么明显的顺序性，一些比较有代表性的幸福观早在先秦时期就已经提出，后世的幸福观更多的是对其从不同角度进行深化和发挥，使其更加理论化、系统化和时代化。总体来看，比较有代表性的幸福观有儒家以"仁"为核心的道义幸福观、道家以"无为"为核心的自然幸福观、墨家以"兼爱"为核心的利他幸福观，以及佛家以"涅槃"为最高境界的超然幸福观。春秋战国时期，百家

弘扬优秀传统文化与提升公民道德素质

争鸣带来中国古代思想的繁荣。但从秦始皇统一中国到汉代独尊儒术,许多思想流派逐渐消亡,只留下以老子与庄子为代表的道家与官方推崇的儒家。在汉代之后,佛教从印度传入中国,逐渐与中国的思想融合,成为中国古代的一种重要的思潮,而不仅仅是一种宗教。总之,儒、道、佛三家构成中国最主要的三种人生哲学与伦理学体系,我们将简要阐述包含在这三种思想体系中的幸福观。

伏尔泰曾说:"在这个地球上曾有过的最幸福的、并且人们最值得尊敬的时代,那就是人们遵从孔子法规的时代。"[①] 儒家的幸福观蕴含在其人生哲学与伦理学中,儒家人生哲学的创始人是春秋时代的孔丘,他提出了以"仁"为核心的人生哲学思想。"仁"即"二人",指人与人之间的相爱关系。他把"仁"作为人所以为人之理,作为人生及其幸福的最高准则,并提出"忠""恕"两重人生标准,从学、思、行三方面加强人生修养。孔子认为修养可以使人不走极端,行"中庸之道",如此才能处理好人际关系,符合"仁"的道德标准。孔子还继承《周易》的观点,采用古人理想化的方法,利用人们贵远贱近的心理,赋予尧、舜、禹、汤、文、武、周公等许多功绩、才能和人品,诸如仁人、克己、公正、谦恭好学、治国平天下等。他们希望成为所有社会成员的楷模,拥有大家的理想人格,达到幸福人生的最高境界,以实现托古立言、传播自己思想的目的。从儒家的这种人生观可看出,儒家理论推崇积极进取的人生,向外要"齐家、治国、平天下",向内要修身养性,具有良好的道德品质,这样的人生才是幸福的人生。

战国中期的孟子继承孔子的学说,把"仁""义"结合起来,作为人生哲学的核心,并以"性善论"为理论基础,以"思诚""养气"作为人生修养之路。他认为人生来就具有"恻隐、羞恶、辞让、是非"四种善端,这四种善端"扩而充之",就会发展成为"仁、义、礼、智"四种品德。"思诚"即通过反省自身达到至诚的信念,"养气"即养成谨守道义、凡事不动心的浩然之气。这种学说指出了人的幸福人生虽有先天遗传的基础,但需要后天的学习与道德修养。孟子还提出了通向人生完美境界的具

---

① 〔法〕伏尔泰:《哲学辞典》,王燕生译,商务印书馆,1991,第369页。

体途径与方法，如"悟善端""寡欲清心"与"学圣人"等。战国后期的儒学大师荀子从"性恶论"出发，提出了"化性起伪"的方法，以改变、矫正人恶的本性，发展善性。在他看来，人之初，性本恶，优秀品质是后天教育和环境影响促成的。他以"礼"为核心，提出"积善成德"，作为修身、做事、治国之本。在处理满足物质欲望与道德修养的关系问题上，荀子主张节制欲望与引导欲望。荀子认为人的自然欲望不能人为而根除，也不能完全满足，所谓"虽为天子，欲不可尽"（《荀子·正名》）。因此，满足欲望并没有错，只是不要过分。荀子认为期望人们"去欲"或"寡欲"是不可能的，但可以教育人们通过理智来调节和控制情欲，将其引向某种有益的努力中去。荀子主张加强教育并提供变恶为善的有利因素，认为通过教育，可以使人"博学、积善而化性"（《荀子·富国》）。荀子还要求人们做"积"的功夫，通过不断的道德实践，日积月累，最终可以"积善全尽"而成圣人。

从秦汉到隋唐，随着封建社会的确立和发展，儒家人生哲学日益系统化、神学化和玄学化。西汉中期，汉武帝采纳董仲舒"罢黜百家，独尊儒术"的建议，确立了儒学在中国人生哲学中的正统地位。董仲舒提出"三纲五常"即"君为臣纲、父为子纲、夫为妻纲"和"仁、义、礼、智、信"，作为人生哲学的核心。他还把人生哲学神学化，提出"天人感应说"，把"三纲五常"作为上天意志固定起来。他继承了孔子"上智下愚"的思想，吸收并改造了孟子的"性善论"和荀子的"性恶论"，提出"性三品说"，即把人分成"圣人之性""斗肖之性""中民之性"。圣人是天生不教而善；斗肖是天生性恶，虽教而不能善；中民天生既有善质，又有恶质，待教后方能善。这为统治阶级的"上智下愚"观点提供了理论依据，似乎统治者天生就是善的，因而他们的幸福生活是上天赋予的，而劳动人民贫苦的生活是其天性使然，命中注定。宋、元、明、清是中国封建社会从繁荣逐渐走向衰落的时期，为加强封建专制统治，代表大地主、大官僚利益的思想家，以儒学为主，兼收佛、道思想，创立了唯心主义的理学。程朱"存天理、灭人欲"的人生哲学思想占据了统治地位。程颢、程颐提出"灭私欲，则天理自明矣"，朱熹也提出"革尽人欲，复尽天理"。程朱理学后来发展为禁欲主义，成为统治阶级禁锢人民的思想工具。宋明理学教人们去寻找的"孔颜乐处",实际上就是道德即幸福的观点,这种观点认为人们不应追求现实的物质利益和幸福,而应正其义不谋其利。

先秦老庄学派的理想幸福人生与儒家的理想幸福人生有很大的区别。老庄虽然也讲圣人的品格、人生的理想境界,但是与儒家说法不一样。儒家讲究积极进取,求取功名,而道家则主张清静无为,顺其自然;儒家宣扬社会礼教和社会等级,强调对人类自然欲望的压制,而道家则崇尚返归自然,逃避尘世,过原始质朴和自由自在的田园生活。在老子的理想人生中,无为是首要内容。他说:"圣人处无为之事,行不言之教。"(《老子·上篇》)他又说:"为者败之,执者失之。是以圣人无为故无败,无执故无失。"(《老子·下篇》)老子还说:"是以圣人之治,虚其心,实其腹;弱其志,强其骨。常使民无知无欲,使夫智者不敢为也。为无为,则无不至。"(《老子·上篇》)这是说,圣人以"无为"为事,无为并不等于什么事都不做,无为是指一切顺其自然,遵循自然规律,不强求,无为则无败。去掉智慧与欲望,过自然的生活,天下将大治,人们将过上幸福生活。这就是老子"无知无欲"的"小国寡民"状态,以及"鸡犬之声相闻,老死不相往来"的原始初民的幸福生活。

老子认为要达到无为的人生幸福境界,首先要守弱。他认为"反者道之动,弱者道之用","人之生也柔弱,其死也坚强。草木之生也柔弱,其死也枯槁。故坚强者死之徒,柔弱者生之徒"(《老子·下篇》)。柔弱与生相连,坚强与死相类;坚强会带来害处,柔弱则有益无害。柔弱还能胜于刚强,老子常常以水和婴儿为柔弱的典范。他说:"天下莫柔弱于水,而攻坚强者莫之能也,其无以易之地。弱之胜强,柔之胜刚,天下莫不知,莫不行。"(《老子·下篇》)他还说:"专其致柔,能婴儿乎?""知其雄,守其雌,为天下溪。为天下溪,常德不离,复归于婴儿。"(《老子·上篇》)柔弱到极点,就与婴儿、水相似,也就越合于道,越接近无为,越能达到人生幸福的最高境界。老子不仅讲柔弱,而且讲不积累、不争取。"圣人不积。既以为人已愈有,既以与人已愈多。天之道,利而不害,圣人之道,为而不争。"(《老子·下篇》)越是积累,越会不足;越是为别人,也就越是为自己。老子还概括了无为的行动规范,称之为"三宝",即"我有三宝,持而宝之。一曰慈,二曰俭,三曰不敢为天下先。慈故能勇；俭故能广；不敢为天下先，故能成器长。今舍慈且勇，舍俭且广，舍后且先，死矣！夫慈，以战则胜，以守则固。天将救之，以慈卫之"（《老子·上篇》）。

在欲望满足、幸福与道德的关系上，老子主张无欲说。他说："不见可欲，使民心不乱，是以圣人之治……常使民无知无欲。"（《老子·上篇》）老子所谓无欲，不是绝对的无欲，而只是要求人们把欲望减少到最低限度，他实际上主张寡欲，即所谓"见素抱朴，少私寡欲"（《老子·上篇》）。因为，食色人之本性，适当的满足是可以的。但追求骄奢淫逸的生活会有损自己的品德，以致得不到真正的幸福。老子告诫人们："罪莫大于可欲，祸莫大于不知足，咎莫大于欲得。故知足之足，常足矣。""知足不辱，知止不殆，可以长久。"（《老子·下篇》）知道满足，就不会受到侮辱；知道休止，就不会遇到危险，就可以获得长久的幸福。

庄子继承老子的柔弱无为与无知无欲的处世哲学和做人标准，并加以发展，提出了理想幸福人生的下列标准：（1）无情和无己，即不动感情，保持心境平和，不为喜怒哀乐等情绪困扰。无情不是说人无感情，而是说要听其自然，不以好恶伤身，也不人为地增益生命。人不仅要对是非不动感情，而且对生死也不动感情。他说："且夫得者，时也；失者，顺也；安时而处顺，哀乐不能入也。此古之所谓悬解也。"（《庄子·大宗师》）无己，庄子在其名篇《逍遥游》中提出了这个标准。所谓"逍遥游"，是对老子无为说的一种形象的表述。整篇文章的宗旨是，理想的人生应该是"逍遥游"的境界。庄子在文中将理想人生概括为"至人无己，神人无功，圣人无名"。"无己"即不考虑自己，"无功"即不追求功绩，"无名"即不追求名誉。三种人中，以无己的境界最高，因为做到了无己，才能视功名为粪土，才能做到人生幸福的最高境界——"逍遥游"。（2）无所待和无用。庄子说："若夫乘天地之正，而御六气之辩以游无穷者，彼且恶乎待哉！"（《庄子·逍遥游》）"恶乎待"即何所待，也即无所待的意思。这是说，至人并不凭借别的东西，而是凭借天地之正气，在宇宙中遨游而无穷尽，所以无所待，不求名利，也不追求德行与才智，完全从尘世生活中解脱出来。无用，达到逍遥游的一条途径是"无用"，就是要把自己当成一块废料，没有任何用处，才可以过自由自在的生活。"人知有用之用，而莫知无用之用也。"(《庄子·大宗师》)无用反而有大用，这就是保存自己、享受逍遥游的幸福生活。(3)不以人助天，即不要从事人为的努力，不从事任何人为的变革。庄子说："古之真人，不知说生，不知恶死；其出不䜣，其人不距；翛然而往，翛然而来而已矣。不忘其所始，不求其所终；受而喜之，忘而复之，是之谓不以心捐道，不以人助天。是之谓真人。"(《庄子·大宗师》)这里说幸福的人对生死的态度，既不好生，亦不恶死，生而欣然，死而不拒，生死都不追求，一切顺其自然，不用心背道，不以人助天，只是顺从自然而变化，不加任何改造，这就是真人。

另外，中国佛教的幸福观念。佛教是唯一由外国人传入而又成为中国人生活的重要组成部分的宗教。佛教不仅作为一种宗教，也作为一种哲学征服了中国。宗教为普通老百姓受用，哲学为文人学士受用。佛教在普通人中受欢迎，是因为它为黎民百姓从精神上摆脱困境提供了一条易行之路。佛教有一套逻辑方法，有玄学，有一套知识系统，因而在喜好哲理的中国文人中享有很高的声望。早期佛教的基本教义有所谓四圣谛、八正道、十二因缘、五蕴以及因果报应的理论。在这些基本教义中有不少关于在人生中如何摆脱痛苦与获得幸福的论述。从佛教基本教义及禅宗思想可以看出，人生本无幸福可言，有的只是生老病死及各种各样的痛苦，而这些痛苦的根本来源在于"爱"与"痴"，即人的贪求欲望，对佛理、佛性的无知。要摆脱痛苦的"生死轮回"，达到幸福的彼岸即"涅槃"，只有灭除贪爱欲望，修行念佛，认识自我本心的佛性。由此可见，佛教基本教义与其说是一种关于人生幸福根源和如何获得幸福的理论与方法，不如说是一种说明人生痛苦根源和如何摆脱痛苦的理论与方法。

儒道两家对"乐"的主题都有较为深刻的回应。儒道两家都乐于谈乐。什么是乐？除了指音乐外，乐通常表示作为心理经验的快乐情绪。不过，快乐所指的经验，有时并不限于用"乐"一个词来表达，它也可以用喜、悦、欢、欣以及满意、得意、愉快、快活等来代替。乐可分为身之乐、心之乐以及身心之乐。身之乐与心之乐的区分是从快乐的原因划分的，快乐的体验过程则是身心不分的。同时，纯粹的身之乐，有可能影响心之乐，而纯粹的心之乐，也会影响身之乐。完整的快乐是身心综合的快乐，但实际上每个人有不同的偏向。儒家先启话题，孔子不仅赞颜回在

"人不堪其忧"的情况下,仍"不改其乐"(《论语·雍也》),且有"发愤忘食,乐以忘忧,不知老之将至"(《论语·述而》)之夫子自道。孟子则发展有独乐与众乐之辨。道家的庄子接过孔子赞颜回的话头,将其推至极端,其后学甚至有《至乐》之笔。两家论乐之异同,历来有不少辩驳,但多立于辨教的立场。站在教外,以乐的经验结构做对照,或能理出新的头绪来。撇开枝节不讲,儒道的相关分歧有两点,一是乐与忧的问题,一是独乐与共乐的关系。前者涉及人类基本情绪的对立关系,后者则回答人生在世与他人的情感关联,两者均指向幸福与道德关系的理解。

儒家的幸福观把人的感性生活与道德修养对立起来,以为有德性修养才是人生幸福。这种幸福观实际上是把道德修养等同于幸福生活,行为有德就是得到了幸福,而行为缺德则无幸福可言。同时,这种幸福观是把理智与情欲对立起来,强调理性对幸福的作用,贬低否认感性生活即物质欲望的满足对人生幸福的意义。认为有德行在于人对道德的追求,要追求道德的生活,不仅要有道德的知识,而且要以理性来支配人的感性欲望。这种强调道德理性即幸福的思想发展到极端,就是禁欲主义。这就是孔子所提倡的"居陋巷不改其乐"的苦行精神。在宋明理学那里,这种观点愈发走到"天理"与"人欲"对立的地步,所谓"存天理,灭人欲",认为人对现实利益幸福的追求是与封建道德的"天理"绝对不相容的。从以上理想幸福人生的标准可看出,庄子基本排除了人的主观努力,赞赏顺其自然的生活,开辟了一条通向人生幸福最高境界的消极无为、出尘遁世之路。这条道路与儒家提倡的积极有为、治国平天下的理想人生境界截然相反。然而道家与儒家的理想人格一阴一阳,构成了数千年来中国文人人生过程的矛盾统一。

儒家与道家的"中庸"生活态度之幸福意蕴。中庸思想本不待于儒道互补才产生,在儒道各自的哲学建构中,皆可见中庸的学说。我们从《论语》中随处可以读到中庸的见解。如孔子对待文质关系的态度,"质胜文则野,文胜质则史,文质彬彬,然后君子"(《论语·雍也》),"文质彬彬"就是一种折中。孔子一方面强调"言之无文,其行不远",另一方面又反对"巧言令色",折中的结果便是"辞达而已",一种"无过而无不及"的境界。在儒家的幸福观中,既有"修身、齐家、治国、平天下"的成就意识，沸腾着积极处世之热血，彰显着"兼济天下"之雄心，这种来自事业的成就是儒家幸福的一个重要侧面。但同时也有"道不行，乘桴浮于海"（《论语·公冶长》）的进中求退、出中求隐的枯萎的一面。为实现自己治国平天下的宏大抱负终日奔走着的孔子，也时刻没忘"暮春者，春服既成。冠者五六人，童子六七人，浴乎沂，风乎舞雩，咏而归"（《论语·先进》）的闲情逸兴。

如果说儒家的中庸观多少还拘泥于感性、直观和就事论事，那么道家的中庸则纯然是建立在理性、抽象和时空下的；如果说儒家的中庸是以积极的态度来化释对立，那么道家的中庸则是以消极无奈实现对矛盾的回避；如果说儒家的中庸标志着对智慧的肯定，那么道家的中庸则宣告了智慧的无能。在漫长的历史演绎中，儒道文化在彼此冲撞中相互滋养，孕育出中华民族伟大的人生哲学。林语堂一再说："我们如果把积极的人生观念和消极的人生观念适当地配合起来，我们便能得到一种和谐的中庸哲学，介于动作和静止之间，介于尘世的徒然匆忙和完全逃避现实人生之间。世界上所有的一切哲学中，这一种可说是人类生活上最健全最完美的理想了。还有一种结果更加重要，就是这两种不同观念相混合后，和谐的人格也随之产生，这种和谐的人格，也就是那一切文化和教育所欲达到的目的，我们即从这种和谐的人格中看见人生的欢乐和美好。"

中国传统思想（包括儒家和道家思想）中的幸福观都具有集体主义导向，而西方文化传统的幸福观具有个体主义导向。中国长期封建社会的经济结构和政治上的集权主义，使道德价值导向于集体主义，集中体现为"仁"的基本伦理原则。"仁"即"二人"，不是单个人，是群体关系。因此，中国统治者提倡"忠"和"孝"。这样，个体本身是无价值的，其价值在封建共同体或家族身上，个体不具有独立性和自由发展的条件。集体主义的幸福观要求个体对群体的绝对服从，不存在脱离群体幸福的个人幸福。在道德、利益与幸福的关系问题上，儒家和道家都倾向于把道德与利益对立起来，重义轻利，而西方思想则倾向于道德与利益具有统一性，宣扬利就是义。中国传统思想和幸福观的一个根本观点是"重义轻利"，或者说是"去利怀义"。所谓"义"，主要指道德伦理；所谓"利"，主要是指个人的私利、私欲，并不泛指国家、民族的普遍利益。重义轻利的实际意义是个人利益和幸福应无条件地服从群体的利益和幸福。

三 弘扬中国优秀传统文化：加强核心价值观体系建设及提高公民道德的有效途径

中国传统文化是社会主义核心价值观构建的民族基础。社会主义核心价值观，从本质上看，是一种社会意识形态。其中，中国传统文化是社会主义核心价值观建构中不可或缺的思想源泉，它是社会主义核心价值观构建的民族基础。中华文化源远流长，积淀着中华民族最深层的精神追求，代表着中华民族独特的精神标志，为中华民族生生不息、发展壮大提供了丰厚滋养。中国的传统文化就是一种幸福文化、幸福理论。中国的传统文化是以幸福为思想内核和价值取向，以研究和实施正确的幸福理念，形成科学合理的幸福观为主要内容的文化形态和文化现象。长生久视、功名富贵、知性自足这三方面是在过去中国人的生活中居主导地位的幸福观念。其中，知性自足是中国人传统幸福观的核心，也是人生幸福的必要条件。

中华民族在长期的历史发展中不仅谱写了光辉灿烂的历史，而且形成了伟大的民族精神和核心价值。中国传统文化博大精深，其道德精神与核心价值是中华五千多年文明历史发展的积淀。这种积淀、这种优秀的道德精神与核心价值观，是中华民族屹立于世界民族之林的根本。作为一个有着几千年历史的文明古国，中国在不同历史发展阶段，都有相应的核心价值观。虽然这些核心价值观往往带有特定阶级利益诉求的特征，但是，它所具有的丰富内涵也能够在相当程度上将整个社会规范起来，也能够在整个社会形成一种有助于当时历史发展的积极因素，形成助推历史前进的正能量。中国历史上形成的核心价值观融于博大精深的传统文化之中，成为中国社会的灵魂和精神支柱，主导着人们的精神世界。中国传统文化是在历史的发展中一代代积淀、传承下来的，它贯穿于人的价值观、风俗道德等方面。社会主义核心价值观与中国传统文化有着密切联系，吸收了中国传统文化的有益成分。从本质上说，中国传统文化是一种德性文化，包含着丰富的传统美德，是社会主义核心价值观的基础。中国传统道德文化可以归结为"仁义礼智信忠孝廉耻勇"，要求人们不要见利忘义，要守礼修身、诚实守信、廉洁自爱、知耻向义等。社会主义核心价值观的建立，正是吸收了中国传统文化的精髓。

蕴含核心价值观的传统文化既是过去人们生活、实践的体现和总结，又是今天人们生活、实践的背景和基础，塑造和影响着现代人的生活和实践，影响着人们的思维方式。今天的价值观念无时无刻不在延续着过去，特别是过去的优秀文化部分，更是被当代人视为民族精神的灵魂，提升和引领着当代人。因此，核心价值观始终是贯穿中国社会历史进程的"红线"，是中华民族的"同心结"，是中华文化的灵魂，是中华民族精神的内核。当前，吸收蕴含核心价值观的传统文化中的合理成分，不仅是承接传统文化的要求，更是创建新的、符合时代要求的核心价值观的源头。对中国传统文化所包含的价值观念进行提升和超越，对原有的价值观念做出新的解释和概括，既有利于中国传统文化中灿烂的思想继续流传，也有利于激发中国传统文化新的生机与活力。中国传统文化与社会主义核心价值观，一个体现传统，一个凸显现代，两者有着紧密的联系。社会主义核心价值观来源于诸多方面，其中中国传统文化为社会主义核心价值体系建设提供了重要的思想源泉，这主要体现为以下几个方面。

（一）社会主义核心价值观传承中国传统文化中的自由理念

自由是社会主义的价值理想和共产主义的价值本质，既是马克思主义的终极追求，也是社会主义的内在逻辑。自由是改革和发展的源头活水，是完善社会主义市场经济体制的必然要求。倡导和促进自由的实现，对于推进中国特色社会主义事业有着重要意义。自由的价值理念一直为中国共产党和中国人民所崇尚、珍视和追求。毛泽东同志曾指出："我们的国家之所以能够关心到每一个公民的自由和权利，当然是由我国的国家制度和社会制度来决定的。任何资本主义国家的人民群众，都没有也不可能有我国人民这样广泛的个人自由。"① 在全面建成小康社会、不断夺取中国特色社会主义新胜利、实现中华民族伟大复兴的中国梦的历程中，自由必然成为全党、全社会的基本价值追求，中国也必将成为更加自由幸福的社会主义强国。中国人对自由有着独到而深刻的理解，中国传统文化中不乏关于自由的思想，儒家、道家与释家都有自由传统，社会主义核心价值观传承

---

① 《毛泽东选集》第三卷，人民出版社，1977，第874页。

了中国传统文化中的自由理念。儒、道、释的自由追求之会通，便是中华民族的自由精神传统。这个传统既追求群体的自由，又追求个人的自由，目的就是达到最大的精神自由。

（二）社会主义平等价值观源于中国传统文化的平等思想

在推进中国特色社会主义全面发展的历史进程中，将平等作为社会主义核心价值观的重要范畴，具有特殊的价值意义。平等是实现人民民主的基本前提。人民民主是社会主义的生命，坚持人民主体地位是建设中国特色社会主义的首要的基本要求。民主的基本内核是人权，即作为人应该享有的基本权利。人人生而平等，平等是人权的本质属性，没有平等也就无所谓人权，更无所谓民主。从这个意义上说，把平等作为价值目标和价值导向，对于巩固和发展社会主义民主，确保和实现人民当家做主的权利，具有基础性和前提性的重大意义。平等是促进人的自由全面发展的强大动力。社会主义社会是以人的发展为神圣任务和根本目标的社会。实现"每个人的自由发展是一切人的自由发展的条件"的自由人"联合体"，是社会主义的终极目标。中国特色社会主义坚持以人为本，开启了实现人的全面发展的光辉历程，开辟了在经济社会发展过程中促进人的全面发展的光明路径。促进和实现人的全面发展，平等是重要基础，也是强大动力。在现代社会，平等具有更加深刻的内涵和宽广的意义。社会主义的公正理念是以人为本的公正理念。依据这种理念，社会主义社会的各项制度安排总是将最广大人民群众的根本利益作为出发点与目的，并在社会发展的过程中不断实现人民的愿望、满足人民的需要、维护人民的根本利益。公平正义是社会主义区别于资本主义的重要特征，也是社会主义核心价值观中最为核心的价值。中华民族积聚了极其辉煌灿烂的历史和文化，中国传统平等思想深深植根于这种历史和文化之中，自然被赋予鲜明的特色，反过来又推动了中国社会的发展进程。社会主义平等价值观源于中国传统文化的平等思想。

（三）社会主义核心价值观之公正理念与中国传统文化之公正思想的内在关联

公正之所以是中国特色社会主义的核心价值理念，从根本上说是由中国特色社会主义的内在要求决定的。这种内在要求主要表现在指导思想、社会制度的本质和社会的发展等方面。从指导思想看，公正一直是我们的价值追求。马克思主义是我国社会主义革命、改革和建设的指导思想和理论基础。中国特色社会主义的各个阶段，都始终坚持马列主义、毛泽东思想和中国特色社会主义理论的公正观。公正是社会主义的本质体现，是构建和谐社会和实现科学发展的必要前提。促进社会公正，是全面深化改革的出发点和落脚点，也是中国特色社会主义的内在要求。公平正义，就是社会各方面的利益关系得到妥善协调，人民内部矛盾和其他社会矛盾得到正确处理，社会公平和正义得到切实维护和实现。坚持并实现公平正义，是人类社会发展的一种进步的价值取向，是和谐社会的关键环节和重要特征。

在中国传统文化的思想宝库中，蕴含着丰富的公正思想。传统文化中的公正思想，构成了社会主义核心价值观形成和发展的民族文化土壤，直到今天仍然闪烁着智慧的光辉。深入挖掘并梳理传统公正思想的基本内容，分析其形成原因及表现形式，研究其历史意义及现实影响，对于当前构建社会主义和谐社会，树立社会主义公正价值观具有重要的理论意义和实践价值。我国历史上就产生过不少有关社会公平正义的思想。"天下为公"与"均贫富"的社会政治理想和道德理想在阶级社会中成为统治阶级治国安民的根本法则与根本哲学，成为仁人志士孜孜以求的一种社会政治理念。总之，古代思想家有关公正的诸多论述，构造了中国文化和中国哲学的基本精神，对中国的政治思想产生了重大影响。

提高文化自信对于一个国家核心价值观的形成和维持，对于一个国家的精神状态和凝聚力的提升，对于一个国家国民的素质与能力的提高，其作用是不可替代的。提高文化自信，继承和发扬中国优秀的传统文化，对于加强道德建设，提高公民道德素质及解决实际问题，都是十分有益的。中国传统文化以儒道释三教（"教"者，人文教化之谓）为主体，其中儒教为基础与主干，道释为补充与提升。正是儒道释三教文化在长期历史发展进程中的对待互补与纠偏轨正，中国文化方得以根深叶茂而生生不息。因此，中华民族基本价值观与思维方式应主要从儒道释三教文化中来考察概括。其中，与中国人生存方式息息相关的儒教文化最能体现中华民族的基本价值观与思维方式，而作为在中国土生土长而又源远流长的道教文化也与儒教文化内在一致地鲜明体现出中华民族的基本价值观与思维方式。作为外来文化中国化最为成功并早已内化为中国文化的佛教文化，也在长期融通互补的过程中使中华民族的基本价值观与思维方式更为丰赡厚重。

由上述追溯和分析可见，儒家伦理道德具有两面性，既有引领社会精神理想的作用，更有严重的虚伪性、欺骗性。千百年来，虽然也不乏杰出高尚的人物被孕育出来，但常态是，这种伦理道德的要求，不仅一般的老百姓做不到，社会的上层包括天子也鲜有达到的。据此，笔者把儒家伦理道德称为一种"道德虚拟态"，缺乏现实可行性，其根源在于，它的出发点就有问题。谈到这里，我们可以在两个问题上有所进展。其一，鉴于我们的传统伦理道德脱离了基本人性的缺陷，那么，时下在我国社会长驱而入的功利主义价值观至少是可以理解的，它契合了近代以来商品经济活动中的人的内在需要。虽然具有降低道德水平的消极作用，但它起码提供了一个现实可行、具有操作性的道德体系。从这一点来说，不能说它没有一点进步意义。其二，由此，我们可以对我国社会目前的道德乱象之产生根源有所认识。民族的传统本来就无法解决现实问题，外来的舶来品又格调不高，在这种情况下，国人的精神如果不空虚，倒是不正常了。

当今中国人的道德状况堪忧。浏览新闻时，各种各样光怪陆离而又触目惊心的标题层出不穷，令人担忧的是其有愈演愈烈之势。约一两年前，伦理道德学界讨论的还是"老人摔倒用不用扶""孩子遭车碾压用不用救"为代表的社会冷漠问题。但是，从2010年10月的"药家鑫案"到2013年"复旦投毒案"，以及多如牛毛的食品、药品安全事件，再到企业不法排污造成环境严重污染等恶性伤害他人生命安全的行为……凡此种种，令我们的伦理道德学界几乎瞠目结舌，因为，事情几乎越出了道德的范围，需要诉诸法律评判。以上所述说明什么？笔者认为，我们的伦理道德最需迫切关注的不是什么弘扬哪种道德规范更高尚、树立哪个模范人物更感人的问题。泱泱大国十几亿人，出几个"最美妈妈"不是什么稀罕事，但是，几个道德特例无法改变道德状况普遍下降的状况，如果再幻想依靠其感召力来提振大众的道德水准，恐怕只是一种乌托邦理想。笔者认为，伦理道德学界当前所应思考的是，我们倡导什么样的道德才最有实际效果。

我们应提倡什么样的伦理道德，以及怎样坚守我们的底线道德？笔者认为，目前我们所处的转型社会，一方面是缺乏有感召力的主导道德观念，另一方面，由于社会生活的多元化，利益格局的多层次化，各种道德价值观念纷纷登场、相互激荡。在这种情况下，我们所提倡的应当是全体社会成员都必须遵守的最基本的道德规范。这样的道德才能成为最核心的东西，才能普遍地具有道德约束功能，从而达到配合法律规范人们行为、维护社会秩序的目的。所以，这样的道德必然是底线道德。底线道德指一系列基本道德，首先是强调各行各业的职业道德，这是最基本的。社会各个岗位的人们如果不能各司其职，一系列严重后果就会防不胜防。像假酒、假药、掺假奶粉等，多得数不胜数；像最近曝光的跨国药企在华行贿成风，就是因为监管的官员、行业协会、医院医生等整个链条都存在玩忽职守行为。其次，对危害其他社会成员生命安全的行为要依据法律处以重刑，这样才能遏制住投毒等严重行为。尊重别人生命财产安全，是公民的基本义务，要广泛加强对公民意识和公民基本权利的教育。现代社会各种法律繁复多样，但如果没有这么基本的两条，就无法形成最基本的道德系统。

关于道德教育的方式方法及有效性问题，笔者认为，我们现在的道德教育、价值观教育多是空洞的口号，这是造成年轻人价值观混乱、道德水平低下的重要原因。我们应该摒弃华而不实的理想高调，客观真实地教育学生遵守公民基本道德，做一个合格的社会成员，在这个基础上再追求远大理想，晓之以利害，让他们体会到遵守道德对其成长有用，将会在很大程度上改善教育效果。找到了问题的症结所在，一来，可以让我们冷静而不必慌乱，应看到目前的道德沦落是经济体制、社会结构发生重大变化造成的，只是转型期出现的阶段性现象。二来，针对这个根源，我们可以采取更为有效的措施。胡锦涛同志在十八大报告中便强调了建设社会主义文化强国的四个方面：加强社会主义核心价值体系建设、全面提高公民道德素质、丰富人民精神文化生活、增强文化整体实力和竞争力。这为我们指明了解决问题的根本方向。

（责任编辑：郭锡超）

理性公民的非理性维度

高可荣[*]

摘　要：人们往往对 superstition 怀有偏见，认为它就是迷信的意思，应该被毫无保留地清除。其实，在原初的意义上，它指的是没有根据的信念，只不过后来演变成迷信。值得注意的是，迷信只是演变后的一种形式，还有另一种形式——相信。迷信和相信的共同之处在于被人们接受的东西还没有得到证明，所以它们都是非理性的表现形式。不同的是，就政治影响而言，前者是消极的，而后者是积极的。因此，笔者想要论证的是，面对公民的非理性，正确的做法是：一方面，阻止其以迷信的方式表现出来；另一方面，促成其以相信的方式释放出来，并指出这种做法的根据所在。

关键词：非理性　迷信　相信

"主权在民"的政治理念是当今绝大多数民主国家之间的共识，它所依据的信念之一是——相信公民是理性的，因为无人愿意将权利交给一群无理性的人。然而，实际上人并不是彻底理性的，总是有非理性的一面。而就应对政治事务这一方面而言，人们表现出的理性也有程度上的差异。所以在政治构想中，承认现实的人的非理性并据此来设计政治蓝图，就要比在理想的理性人的基础上设计更有优势。这是因为后者建立在空想之上，而政治面对的是现实。因此，如何应对公民非理性的一面就变得与民

---

[*] 高可荣（1993～），山东大学哲学与社会发展学院硕士研究生，研究方向为外国哲学。

主政治的实现息息相关。那么，到底如何应对呢？或许，我们能从斯宾诺莎那里找到一种方案。

一 几个重要概念的厘清

在斯宾诺莎那里，人有两种认识事物的方式，一种是想象，另一种是理性。

> 第一，从通过感官片断地、混淆地和不依理智的秩序而呈现给我们的个体事物得来的观念。因此我常称这样的知觉为从泛泛经验得来的知识。第二，从记号得来的观念。例如，当我们听得或读到某一些字，便同时回忆起与它们相应的事物，并形成与它们类似的观念，借这些观念来想象事物。这两种考察事物的方式，我此后将称为第一种知识、意见或想象。第三，从对于事物的特质具有共同概念和正确观念而得来的观念。这种认识事物的方式，我将称为理性或第二种知识。①

从这段话中可以看到，想象与理性是人认识事物的两种方式，两者的区别在于，通过理性得来的知识要比通过想象得来的可靠。通常所说的非理性是由不可靠的知识引起的，从而就和理性区别开来。而不可靠的知识是通过想象得来的，所以笔者是在"想象"的意义上使用"非理性"的。也许有人会说非理性是由难以控制的情感引起的，这并不与我的说法矛盾。因为在斯宾诺莎那里，"心灵具有不正确的观念愈多，则它便愈受情欲的支配，反之，心灵具有正确的观念愈多，则它便愈能自主"。不正确的观念与受情欲支配的程度成正比，所以说非理性由不可靠的知识引起，就相当于说非理性由难以控制的情感引起。可靠的知识在斯宾诺莎看来就是认识到"自然中没有任何偶然的东西，反之一切事物都受神②的本性的必然性所决定而以一定方式存在和动作"。但是关系到政治之类的实践问题时，他又洞察到由于"我们明显没有关于事物真实协调和相互联系的知

---

① 《斯宾诺莎文集》第4卷，贺麟译，商务印书馆，2014，第154页。本文对《伦理学》原文的引用皆来源于此。
② 此处的神是形而上学意义上的。

识，即事实上事物被组织和联系的方式，以至于为了实践目的，最好，实际上把事物看成偶然的至关重要"（TTP4，427）①。"把事物看成偶然的"就是通过想象认识事物。由此看来，斯宾诺莎在实践问题上接纳人的非理性，并以此为前提讨论政治问题。②

人的非理性会带来很大问题：由想象得来的知识是片段的、混淆的、零乱的和不可靠的，而这种断裂和混乱会引起意识的不适，意识便会寻求通道以纾解不适。这种寻求有两个方向，一个指向内部，另一个指向外部。具体来说，前者指由于没有认识到事物的真正原因，意识便会倒果为因，把结果看作事物的目的因，即意识能够设定目的（目的因之幻觉）；接着，意识就以为自己能够支配身体去实现目的，从而把自己当作第一因（自由之幻觉）；当不能把自己当作事物的第一因时，意识便想象出一个神，这个神像人一样有目的，创造万物是为了人，创造人又是为了让人崇拜它（神学之幻觉）。③ 后者与之不同，指当他人的言语能（或者似乎能）纾解这种不适时，意识会轻易采纳他人的说法，而不管他人的说法能带来真正的纾解还是只具有迷惑的外表，这种不管是顾不及，也是没能力顾。幻觉和轻信作为这两个指向所产生的结果，就是笔者所讲的 superstition 的内容。由于幻觉和轻信是一种没有根据的信念，所以 superstition 也就是一种没有根据的信念。这是 superstition 的原初意义。也就是说，在这种信念仅在意识中或没有产生政治影响之前，它是中性的。

了解了 superstition 的形成原理之后，下一问题是它的产生基础，即意识将它作为纾解不适的途径的根据何在。斯宾诺莎认为，产生基础在于人

---

① 本文对《神学政治论》原文的引用均是笔者根据 *Spinoza Complete Works*（Spinoza, trans. Samuel Shirley, Indianapolis, IN: Hackett Publishing Company, Inc., 2002）所译。括号中的前一个数字代表章节，后一个数字代表页码。

② "那些有更强想象力的人较少适合于纯粹理智活动，而那些致力于培养更强理智的人将想象力保持在更大的控制、限制之下，且他们使它在控制之中以至于它不会侵入到理智的领域。"从这句话可以看出，想象和理性处于一种相互竞争、此消彼长的关系之中，即要么想象强于理性、要么理性强于想象。换句话说，两者之间的力量对比是一个程度问题，体现为"从想象完全抑制理性的力量而单独起作用到理性完全控制想象以独自运行"这样一个序列。斯宾诺莎在讨论实践问题（无论是政治还是宗教）时，都以大多数人的理性程度低为前提。

③ 参见〔法〕德勒兹《斯宾诺莎的实践哲学》，冯炳昆译，商务印书馆，2004，第23~24页。德勒兹称目的因之幻觉、自由之幻觉、神学之幻觉为"意识的三重幻觉"。

的本质。因为人的本质是努力地保持自己的存在①，所以凡是有利于保持自己的存在的或使自己舒适的，人们就容易相信，凡是不利于保持自己的存在的或使自己不适的，人们就容易拒绝。而从前一段的论述可知，superstition 是在意识寻求通道以纾解不适时产生的，所以它有助于保持自己的存在，从而就容易产生。

二　superstition 的演变

从前一节我们知道 superstition 在原初意义上是中性的。但是，当它对行动产生影响时，它就开始演变成为消极的或积极的。当 superstition 被用作恶的目的的手段时，它就演变为消极的，可以称作具有贬义性的"迷信"。为了和演变为积极性的 superstition 相区分，在谈到演变为消极性的 superstition 时，笔者会使用"迷信"一词。迷信对于当今社会的人们来说已不算陌生，斯宾诺莎在《神学政治论》的前言里也明确地论述了。笔者在这里仅做一个简短的描述。

由于生活中的不幸是不可避免的，加上绝大多数人缺少真正的知识，无法看清不幸的本质，所以他们常常摇摆于希望与恐惧之间。幸运时，容易自负，听不进忠告；不幸时，容易轻信，对于建议不加选择地听从。这样，幸运时认为自己可以轻易实现一切愿望，而在实现过程受阻时就又觉得自己不幸，这时就会急于抓住他人给予的任何希望，只要自己的心灵能不再处于受挫、沮丧、恐惧的状态。在这个时候，大众就会非常容易产生迷信，被怀有私心的人利用。就像在暴君统治之下，当权者会极尽所能地使用各种能带来迷信的手腕，去引导大众相信上层人士的最高权威和过人之处，并以惩罚相威胁，以提升大众服从的程度。此外，他们也用迷信支配大众，把大众当作发起暴动和流血战争的手段和傀儡。比如，他们会宣称这是上帝的旨意，不这样做的人就是不信仰上帝，从而就得不到拯救。而他们这样做的真正目的只是维护和增进上层人士自身的利益，并没有真的为大众的福祉考虑。在当今社会，迷信还表现为当人们行使选择权时，一些人会通过虚假许诺、胁迫等方式迷惑甚至控制人们的选择。因此，迷

---

① 根据 E3p6&7。

信与主权在民的理念背道而驰。

那么，如何阻止这样的演变呢？按照斯宾诺莎的说法，需要给予人们思想自由、判断自由和言论自由。思想和判断的自由意味着当权者不能控制民众的思想和判断，言论自由意味着当权者不能禁止某些言论。所有这些要求给每个人以自由思想、判断和言论的空间，包括允许人们以适合于自己的方式理解神①。特别谈到神的原因在于，无论是斯宾诺莎所处的时代还是现在，宗教对政治的影响力都不可小觑。如果只允许以特定的方式理解和谈论神，那么政教联合下的上层人士或企图染指政权的神职人员就会非常容易地以宗教信仰为借口惩罚某些人或煽动战争或试图建立专制统治，借口就是对方的思想和言论亵渎神或对神不敬。单就政治而言，有些当权者也会以某个与宗教无关的信念为由来做这些事情，比如，国家倡导的理念是 A，而有些人持有或倡导非 A。因此，思想和言论自由对于避免这些事情来说非常关键。此外，这种自由在当代还有一个意义：使人们独立自主，从而真正地行使自己的选择权。由此，可以说斯宾诺莎的方法能在很大程度上防止 superstition 走向消极性。这种方式也是斯宾诺莎想要建立起来的政治自由。可以看出，他的政治自由指思想和言论上的独立自主或不受他人控制（Ⅰ）。此外，他还在另一种意义上谈过政治自由，即按照自己喜欢的方式生活和自卫（Ⅱ）。②需要补充的是，Ⅱ并不意味着随心所欲地生活，而是在理性所允许的范围内按照自己喜欢的方式生活和自卫，不能有害于保持自己存在的努力。因此，Ⅰ和Ⅱ并不矛盾，都是努力保持自己存在的表现，Ⅱ更为基础，Ⅰ是对Ⅱ的保障。

接下来的问题就是，这种政治自由如何实现。答案的一部分是斯宾诺莎回答的，即民主政体，这是外部保障上的；另一部分是笔者将要补充回

---

① 此处的神是宗教意义上的。斯宾诺莎在 TTP 里详细论证了《圣经》的教导只有一个，那便是服从，具体讲就是正义和慈爱，或爱邻如己。又因为人们的理性程度参差不齐，所以允许人们以适合自己的方式理解神。况且判断一个人是否虔诚的标准不在于有知还是无知，而在于服从还是顽固。

② "通过一个公民的公民权利，我们只能意味着每个人在当前条件下保存自己的自由，一种由最高权力的法令决定、只由最高权力的权威支撑的自由。因为当一个人把按照他喜欢的方式生活的权利——一种只受他的力量限制的权利——转让给另一个人时，换句话说，当一个人把他的自由和自卫的权利转让给另一个人时，他就注定要完全按照另一个人的指挥生活，并且为了自卫要完全信任他。"（TTP16，532）

答的，即民众内在心理上对政治自由的相信。"相信"是走向积极性的 superstition，为了避免和迷信的混淆，故称之。首先来看答案的第一部分。

> 我选择先于其他所有政体来讨论民主政体，是因为它似乎是最自然的政府形式，最接近自然授予每个人的自由。因为在一个民主国家中，没人把他的自然权利如此完全地转让给另一个人，以至于此后他不再参与协商；他把自然权利转让给整个社会的大多数，他是其中的一部分。这样，所有的人仍然是平等的，就像他们之前在自然状态中那样。并且，这是我为什么选择只详细讨论这种国家形式的进一步理由：由此最好地有利于我的主要目的，即讨论一个共和国中自由的好处。(TTP16，531)

这段引文是斯宾诺莎的一个总结，从中可以看出民主政体的特点和他对民主政体的评价。在他看来，民主政体最好地保障了自由与平等，在民主国家中，人们参与决策，判断并表达自己的观点（Ⅰ），而并不是像木偶一样任由统治者操纵。这样制定出来的决策会是集体利益和个人利益的协调统一，所以服从国家的命令也是服从自己的选择，从而个人就会愿意服从这样制定出来的决策以满足自己的利益（Ⅱ）。

在促进这种自由实现的过程中，还有一个难题需要解决：习惯了被奴役和被控制的人意识不到自己有按照自己喜欢的方式生活的自由，甚至不相信自己有这样的自由，他们会认为自己天生就是任人宰割，自己的出身就决定了自己是被奴役还是去奴役别人；他们也习惯了不做判断，仅听从当权者的要求去做，习惯了不说当权者禁止的言论。也许有人认为，笔者现在的说法看起来至少与上一节里面说的自由之幻觉相冲突。其实，这种冲突只是表面上的。因为自由之幻觉是从形而上学层面讲的，而人们被奴役以致意识不到自己有思想和言论自由是从政治哲学层面讲的。并且，这两者提到的自由的内容也是不一样的：形而上学层面的自由是指意识以为自己是第一因，政治上的自由是指判断和言论的独立自主或不受他人控制。因此，这里并无自相矛盾之处。澄清了这一点之后，再回到本段起始谈到的被奴役。这种内在于人们的看法和习惯是实现政治自由之路上看不见的障碍，不易察觉，从而容易被忽视。因此，使人们觉醒并相信政治自由就变得非常重要。又因为要使大众认识到"这种政治自由是他们的公民权利",就需要提高他们的理性,因而就需要一个过程。而无论是提高理性程度还是花费不短的时间,都会增加使他们觉醒从而实现政治自由的难度。所以,在这个过程的开始,引导他们相信这种自由无疑会降低难度,尽管他们的相信可能是没有根据的,没有建立在理性认识之上。但是,正如已经证明的那样,政治自由于他们是有利的,因而这种相信于他们就是有利的,有利于他们保持自己的存在,有利于他们现实的幸福,既然"一个人的幸福即在于他能够保持他自己的存在"。在此基础上,再通过教育等手段逐渐使他们建立起对政治自由的理性认识。

然而,值得注意的是,政治自由并不保证每个人都能且总是做出正确的决策。政治自由仅是在Ⅰ或Ⅱ的意义上讲的。就此而言,政治自由是真实的自由,既然Ⅰ和Ⅱ确实能够实现,但由于非理性的存在,且极少有人能变得完全理性[①],所以人们常常认识不到事物的本质及事物之间的真实联系,由此就常常难以做出正确的决策。在斯宾诺莎看来,一个人只有变得完全理性,他才能获得真正的自由和真正的幸福。显然,和这种自由相比,政治自由就算不上真正的自由。但是,在这种对比中,政治自由也有优势,即它得以实现的可能性比较大,能使人们实践的生活幸福成为现实。

三 结论

通过前两节的分析可以看到,superstition 是由非理性引起的,并且只要非理性存在,superstition 就不会消失。在现实中,superstition 往往会通过迷信或相信的形式表现出来。迷信助长的是专制或暴政,民众在此之中被当权者奴役和当作实现政治或宗教野心的工具。为了阻止 superstition 的迷信化,需要给予民众以政治自由,允许民众独立自主地思考和说话。要

---

① 从想象到理性,首先,人们需要认识到通过想象得来的认识不可靠。其次,人们得不断用理性得来的知识取代以前的认识。要做到这两点已相当艰难。但仍不够,要变得彻底理性还需要人们将逐渐获得的知识整合成一个连贯的知识系统。此外,还需要一些条件,比如,做这些的时候,心灵得平静、细心、敏锐,闲暇也是不可缺少的。然而,大多数人疲于生计,没有能力也没有空余时间来做这些。对他们来说,只要能保持自己的存在就够了,完全理性的生活是一种奢侈的东西。

实现这样的自由，需要两个条件，一是外部保障上的民主政体，二是民众在内在心理上要相信政治自由有利于保持自己的存在。

既然非理性必然要通过某个形式表现出来，且形式选项有两个即迷信和相信，那么为何不促成后者呢？后者不仅与前者相对，而且在阻止前者的过程中是非常重要的环节。因此，在应对公民的非理性时，应该竭尽所能地促成其以相信的形式释放出来。

（责任编辑：郭锡超）

马克思生态伦理思想与中国生态文明建设

黄 洁[*]

摘　要：随着人类生存环境的恶化，人们越来越认识到保护人类共同的生存环境的重要性。为了攻克生态危机这一世界性难题，保护人类共同的家园，各国专家和学者从马克思的生态伦理思想中寻求解决的方案。马克思生态伦理思想深刻论证了人与自然的辩证关系，凸显了劳动实践的重要作用，人、自然和社会的和谐关系是其基本的哲学思想，这对后世具有很大的启迪作用，当今中国尤其需要。本文从马克思生态伦理思想出发，通过对其详细的研究论述，找到构建中国绿色发展的途径，为中国的可持续发展提供科学方法论上的指导。

关键词：马克思生态伦理　可持续发展　生态文明

21世纪是生态文明与绿色经济共同发展的时代，绿色发展是经济社会发展的必然选择。自然是人类社会存在和延续的基础，在经济发展与自然环境矛盾问题日益突出的今天，发展道路的选择成为不容回避的问题，由此绿色发展理念应运而生。人与自然的关系问题，是人类必须正确面对并积极回应的一项基本挑战。马克思以人的存在为出发点，研究阐述了人、自然和社会之间的关系，为当今我国人与自然矛盾问题的解决提供了有力的思想指导。马克思虽然没有把生态伦理思想作为一个专门理论来研究，

---

[*] 黄洁（1992~），中共山东省委党校马克思主义哲学专业硕士研究生，主要研究方向为马克思主义哲学。

马克思生态伦理思想与中国生态文明建设

但综观他各个时期的著作,都有生态伦理思想方面内容的阐释。马克思在描述共产主义社会的过程中,对人与自然的辩证关系进行了深刻的思考,他认为资本主义的生产方式使生态受到破坏,生态和谐对人类社会发展历程影响深远,它是共产主义实现的重要表现之一。马克思的生态伦理思想为我国社会主义生态实践的实施提供了理论指导,我们应在这一正确理论指导的前提下反思自己的行为,努力构建人与自然和谐发展的社会主义社会,进而实现中华民族伟大复兴的中国梦。

一 马克思生态伦理思想的内涵分析

在马克思的诸多思想中,他的生态伦理思想是最为适用于中国生态文明建设实际的。当今中国生态问题日益严峻,其应对思想却效力不足。在马克思生态伦理思想中,人与自然的辩证关系,劳动实践的重要作用,人、自然和社会的和谐关系是其基本的哲学思想,这对后世具有很大的启迪作用,当今中国尤其需要。为此,我们需要详细地了解其基本含义和深邃内涵。

第一,人与自然的辩证关系是马克思生态伦理思想的逻辑。马克思的自然概念包括两部分内容,即自在自然和人化自然。自在自然包括人类历史之前的自然,也包括存在于人类认识或者实践之外的自然。人化自然则是与人类认识和实践活动紧密相连的自然,也就是作为人类认识和实践对象的自然。马克思在《1844年经济学哲学手稿》中提出了"人化的自然界","人的感觉、感觉的人性,都是由于它的对象的存在,由于人化的自然界,才产生出来的"。[1] 马克思强调人化自然,在《德意志意识形态》中马克思写道"周围的感性世界决不是某种开天辟地以来就直接存在的、始终如一的东西,而是工业和社会状况的产物,是历史的产物,是世世代代活动的结果"。[2] 马克思始终承认自在自然的优先性,"不仅在自然界将发生巨大的变化,而且整个人类世界以及他(费尔巴哈)自己的直观能力,甚至他本身的存在也会很快就没有了。当然,在这种情况下,外部自然界

---

[1] 《马克思恩格斯文集》第一卷,人民出版社,2009,第191页。
[2] 《马克思恩格斯选集》第一卷,人民出版社,1995,第76页。

的优先地位仍然会保持着"①。

人是自然的一部分。恩格斯曾说过:"我们连同我们的肉、血和头脑都是属于自然界和存在于自然之中的;我们对自然界的全部统治力量,就在于我们比其他一切生物强,能够认识和正确运用自然规律。"②"整个所谓世界历史不外是人通过人的劳动而诞生的过程,是自然界对人来说的生成过程,所以关于他通过自身而诞生、关于他的形成过程,他有直观的、无可辩驳的证明。"③人是在自然生命长期进化中的,又是在劳动实践中产生的,劳动在这个过程中发挥重要作用。另外,"人直接地是自然存在物。人作为自然存在物,而且作为有生命的自然存在物,一方面具有自然力、生命力,是能动的自然存在物;这些力量作为天赋和才能、作为欲望存在于人身上;另一方面,人作为自然的、肉体的、感性的、对象性的存在物,同动植物一样,是受动的、受制约的和受限制的存在物"④。作为大自然的重要组成部分,人既具有自然属性又具有社会属性。

第二,劳动实践构成了马克思生态伦理思想的理论线索。劳动实践是人的能动性的最大体现,同时也形成了人与人之间的社会关系。马克思指出,自然界不仅是"人的直接的生活资料",而且是"人的生命活动的材料、对象和工具"。人类的劳动对象如土地、树木、矿石等,都是自然界提供的。"没有自然界,没有感性的外部世界,工人什么也不能创造。"⑤马克思继而写道:"自然界一方面在这样的意义上给劳动提供生活资料,即没有劳动加工的对象,劳动就不能存在,另一方面,也在更狭隘的意义上提供生活资料,即维持工人本身的肉体生存的手段。"⑥因此,作为大自然重要组成部分的人,要想更好地获得生存发展所需要的物质资料,需要借助劳动这一基本的手段。

马克思在《雇佣劳动与资本》中指出:"人们在生产中不仅仅影响自然界,而且也互相影响。他们只有以一定的方式共同活动和互相交换其活

---

① 《马克思恩格斯选集》第一卷,人民出版社,1995,第77页。
② 《马克思恩格斯选集》第四卷,人民出版社,1995,第384页。
③ 《马克思恩格斯文集》第一卷,人民出版社,2009,第196页。
④ 《马克思恩格斯文集》第一卷,人民出版社,2009,第209页。
⑤ 《马克思恩格斯文集》第一卷,人民出版社,2009,第158页。
⑥ 《马克思恩格斯文集》第一卷,人民出版社,2009,第158页。

动,才能进行生产。为了进行生产,人们相互之间便发生一定的联系和关系;只有在这些社会联系和社会关系的范围内,才会有他们对自然界的影响,才会有生产。"① 这表明马克思并没有把劳动归结为人单方面地支配自然的过程,其劳动过程理论与通常所说的人类中心主义不同,它是处于当今环境思想的范围之内的。通过人与自然在劳动中的关系定位,马克思概括了人与自然的关系,即通过受制于自然的各种条件以及人类给予这个过程的影响能力,这两个方面概括出人与自然的关系。

第三,人、自然和社会是马克思生态伦理思想的基本要素。马克思在《1844年哲学经济学手稿》中明确提出了"社会是人与自然的完整的统一体"的思想。在实践活动中,人对自然的关系并不是征服与被征服、索取与被索取的关系,而是辩证统一的关系,人是自然界不可分割的一部分。② "人们对自然界的狭隘的关系制约着他们之间的狭隘的关系,而他们之间的狭隘的关系又制约着他们对自然界的狭隘的关系。"③ 人和自然的关系即以物质生产为核心的人类实践决定和制约着以生产关系为核心的人与人之间的关系。从横向来看,地理条件对于人与自然的关系影响重大,很大程度上决定着人与自然关系的特殊性。生产发展的不均衡是与自然地理条件的不同所紧密相连的。从纵向来看,人和自然关系的动态发展会不断改变着人与人之间的关系。

人与自然的关系会受到生产力状况和社会发展程度的限制。马克思在《政治经济学批判》中曾根据人的存在状态的历史变化把人类社会形态的历史发展分为三个阶段:人的依赖关系(起初完全是自然发生的),是最初的社会形态;以物的依赖性为基础的人的独立性,是第二大形态;建立在个人全面发展和他们共同的社会生产能力成为他们的社会财富这一基础上的自由个性,是第三个阶段。④ 随着社会生产力的不断发展、分工的进步和人类交往范围的扩大及程度的加深,人与人之间、人与自然之间的联系也更加深刻和广泛了。马克思等人特别关注人化自然的特征,不同于以

---

① 《马克思恩格斯文集》第一卷,人民出版社,2009,第724页。
② 刘胜良:《马克思恩格斯的生态伦理思想探析》,《安徽农业科学》2010年第22期。
③ 《马克思恩格斯选集》第三卷,人民出版社,1960,第35页。
④ 《马克思恩格斯文集》第八卷,人民出版社,2009,第58页。

前的观察问题视角，这从根本上克服了旧唯物主义的历史局限性，也从根本上超越了人与自然之间或者是统治与服从，或者是征服与被征服的二元对立的思维方式。尊重自然与实现人的自身价值是能够统一的，人的尺度与物的尺度二者是一致的，是相互促成、相辅相成的。① 人、自然和社会之间的关系变得更加密不可分，这是马克思生态伦理思想的核心成分，也一直是众多马克思生态伦理思想研究者重要的学习和研究内容。

二 马克思生态伦理思想在中国的适用性

"生态文明"体现为人类科学利用和保护生态资源与自然环境的意识觉醒和提高、生态制度体制建设的建立和完善等。② 中国在长期的经济发展中，因过度追求经济增长速度而忽视环境保护，故而造成许多难以治理的生态环境问题。中国主要的环境问题是水土流失严重、土地荒漠化、草场退化、水资源短缺和生物多样性减少等。造成这些生态问题的原因是多样的和长久的，其解决也是需要各个阶层的集体性努力。中国生态发展的问题主要有：①水土流失严重。中国的水土流失问题来源众多、影响广泛。中国人口多，对粮食、民用燃料等需求大，所以在生产力水平不高的情况下，人们对土地实行掠夺性开垦，片面强调粮食产量，忽视了因地制宜的农林牧综合发展，把只适合林、牧业利用的土地也辟为农田，破坏了生态环境。水土流失对当地和河流下游的生态环境、生产生活和经济发展都造成极大的危害。水土流失破坏地面完整，降低土壤肥力，造成土地硬石化、沙漠化及石漠化，影响工、农业生产，威胁城镇安全，加剧干旱等自然灾害的发生、发展，导致群众生活贫困、生产条件恶化，阻碍经济、社会的可持续发展。③ ②土地荒漠化。中国的土地沙漠化发生得越来越频繁，且强度大、范围广。我国土地荒漠化和沙化状况依然严重，保护与治理任务依然艰巨，荒漠化和沙化土地面积分别占国土面积的1/4以上和1/6以上，成为我国最为严重的生态问题。③草场退化。草场退化是草场系统中能量流动和物质循环的输出与输入间失去平衡的结果。青海湖作为我国

---

① 刘胜良：《马克思恩格斯的生态伦理思想探析》，《安徽农业科学》2010年第22期。
② 黄海东：《谈建设生态文明的内涵与意义》，《商业时代》2009年第1期。
③ 田卫堂：《我国水土流失现状和防治对策分析》，《水土保持研究》2008年第4期。

重要的环境调节地区,其在我国环境平衡中的地位和作用十分突出。但是近些年来人为因素的破坏,导致青海湖草场退化严重。④水资源短缺。从人均水资源占有量来看,我国人均水资源占有量仅为2220立方米,约为世界人均的1/4,在世界银行连续统计的153个国家中居第110位。据统计,全国每年排放的工业废水以及生活污水达到400亿吨,其中70%~80%是未经处理直接排放的,这导致地表水污染严重,更造成了地下水源的污染。① ⑤生物多样性减少。由于森林砍伐、环境污染、水利工程建设、物种的入侵、生物资源的过分利用、工业化和城市化的发展、无控制的旅游等因素,中国的生物多样性日渐减少。随着市场经济的发展,野生植物的滥挖及野生动物的偷猎、走私等行为越来越严重,这成为生物多样性受威胁甚至灭绝的非常重要的原因之一。偷猎走私行为所涉及的野生动植物遍及全国各种生物类群,只要有钱可赚的生物均在遭灭之列。②

可见,我国面临着严重的生态环境问题,而我国政府和民众的保护意识和行动是相对欠缺的,这对于缓解我国的生态问题是不利的。为了解决我国的生态问题,我们需要在深入学习马克思生态伦理思想的基础上,加强生态保护的意识,通过切实有效的行动来缓解我国的生态问题,建设社会主义生态文明。生态伦理是生态文明的一个组成部分,它从理论和实践两个方面促进生态文明建设并促进生态文明观念的树立。生态伦理思想理论可以促进世界观、价值观和思维方式的转变,其目标是,通过人的解放和自然的解放而实现人与自然的生态和解以及人与人的社会和解,建设人与人和谐、人与自然和谐发展的社会。生态伦理思想理论有助于促进生产方式和生活方式的转变,生态伦理观念依据"生命和自然界有价值"的观点,主张社会物质生产对资源的利用需要付费并计入成本,因而采用绿色的资源利用技术,实行资源节约。③ 生态文明是以科学技术革命为基础,人、自然、社会形成有别于工业文明时代的相互关系的一种人类社会发展形态。在生态文明形态中,自然科学领域的技术发展成为经济社会发展的

---

① 姜春云:《中国生态演变与治理方略》,中国农业出版社,2005,第143~144页。
② 王丰年:《论生物多样性减少的原因》,《清华大学学报》(哲学社会科学版)2003年第6期。
③ 余谋昌:《从生态伦理到生态文明》,《马克思主义与现实》2009年第2期。

决定性因素。① 生态文化建设是生态文明建设的重要方面，在全社会传播生态文化是建设生态文明的重要前提。可以说，生态文明的实现程度依赖于生态文化的传播程度。所以我们应明确马克思生态伦理思想对于中国生态文明建设的重要性。马克思在思考人类前途命运的过程中形成的生态伦理思想是马克思主义理论的重要组成部分，也是我国社会主义生态实践的理论指南，决定着我国社会主义生态实践的正确发展方向，对于引领中国生态文明建设具有重要的理论指导意义和现实指导价值。要建设生态文明必须牢牢掌握马克思恩格斯生态伦理思想在我国生态文明建设中的主导权、主动权和话语权，从马克思生态思想中汲取丰富的理论营养，最大限度地凝聚社会思想共识，否则中国生态文明建设将会因为没有正确的理论基础和思想灵魂而迷失方向。②

三 建设中国生态文明的路径分析

为有效应对生态问题，创造一个可持续发展的美好中国，在马克思生态伦理思想的启迪下，中国实施了生态文明建设的伟大创举。中国共产党第十七次全国代表大会的报告中将"生态文明"作为全面建设小康社会的目标提出来，指出："基本形成节约能源资源和保护生态环境的产业结构、增长方式、消费模式。循环经济形成较大规模，可再生能源比重显著上升。主要污染物排放得到有效控制，生态环境质量明显改善。生态文明观念在全社会牢固树立"③。把生态文明写入十七大报告，与物质文明、精神文明、政治文明一起作为和谐社会建设的重要内容，是党的科学发展理念的一次升华。生态文明是一种新的文明形态，是人与社会进步的重要标志，也是物质文明、精神文明、政治文明的前提。为此，在马克思生态伦理思想的指导下，我们应该从加深理论学习、制定可行性政策和贯彻实践落实等方面去加强中国的生态文明建设。

---

① 卢黎歌、李小京、魏华：《生态伦理思想的觉醒与当前中国生态文明建设的困境》，《西安交通大学学报》（社会科学版）2011年第1期。
② 刘海霞：《马克思恩格斯生态思想与建设美丽中国》，《黑河学刊》2015年第11期。
③ 胡锦涛：《高举中国特色社会主义伟大旗帜为夺取全面小康社会新胜利而奋斗》，《人民日报》2007年10月25日，第1版。

首先，提高公民的生态保护意识，走绿色发展之路。我们应该加大宣传力度，促进公民生态保护意识的提高，促进更多的生态自主行动的开展。"人作为自然的、肉体的、感性的、对象性的存在物，同动植物一样，是受动的、受制约的和受限制的存在物，就是说，他的欲望的对象是作为不依赖于他的对象而存在于他之外的。"① 人在生态文明建设中处于核心地位，发挥着不可替代的重要作用，其意识和行动对于生态稳定具有重要作用。"教育是政治态度的最重要的决定因素，而且也是最可用的手段。"② 为此，要建设生态文明，就要通过宣传、教育等手段将生态文明理念内化为人们的自觉行动，提高人们保护生态环境的绿色意识和绿色理念，营造尊重自然、爱护自然、节约自然资源的良好社会风气。通过宣传教育，促进公众对于马克思生态伦理思想的认识和理解，对于政府的生态文明建设政策和文件有更加深入的了解。在公众层面形成保护环境、保持生态文明的一个良好的意愿环境，为中国的生态文明建设提供良好的意志力推动因素。

其次，加强制度建设，制定切实可行的生态文明政策。习近平在中央政治局第六次集体学习时提出："只有实行最严格的制度、最严密的法制，才能为生态文明建设提供可靠的保障。"③ 为此，在社会经济发展评价体系中，一定要考虑体现生态文明建设的资源消耗、环境损害、生态效益等因素，真正建立科学合理的目标体系、考核办法、奖惩机制。建立责任追究制度，对那些不顾生态环境盲目决策、导致严重后果的领导干部，必须追究其责任，而且应该终身追究。建立健全资源生态环境管理制度，完善现有资源环境法律体系，加快资源环境法制建设，完善现有的环境技术规范和标准体系。④

政府应该转变认知，通过理性的生态发展和治理理念来促进生态文明建设。首先，我们应该看到，很多环境问题是由权力结构的失衡导致的，

---

① 《马克思恩格斯文集》第一卷，人民出版社，2009，第209页。
② 〔美〕加布里埃尔·A. 阿尔蒙德、西德尼·维伯：《公民文化——五个国家的政治态度和民主制》，徐湘林等译，华夏出版社，1989，第550页。
③ 《习近平谈治国理政》，外文出版社，2014，第210页。
④ 刘海霞：《马克思恩格斯生态思想与建设美丽中国》，《黑河学刊》2015年第11期。

这不仅涵盖了经济权力结构的失衡，也有政治权力失衡的因素在其中。当考察某个国家内部时，我们往往发现，政府主导的工业化进程，由于民众率在议程中的缺位，所以政府单方面主导的行为得不到民众支持，从而引发集体抗争。而放眼国际环境，当今西方国家跨国公司对发展中国家的产业转移，往往也伴随着污染的转移，而造成这一局面的原因之一，便是后者在国际事务和经济交往中的话语权、议价权相对于前者的缺失，从而导致前者主导了议程，也引发了后者国内民众的不满情绪，反全球化的抗议事件频发。而这一问题的解决，既需要国家实力的提升，也需要卡森所言的"澄清的政治"，即规范性的制度建设。其次，要重视观念在环境政治中的作用，在面对环境问题时，不仅政治精英要树立正确的观念，加强切实有效的制度建设，而且，普通民众也需要正确观念的确立，以通过社会行动弥补政府机制的有限性。最后，生态文明建设不应只局限于政府行为，普通民众也可以通过自身的参与对其施加影响。而这不仅对民众的主动参与提出了要求，而且更需要政府本身扩大民众的参与途径、完善民众参与机制，并对民众参与行为持开放、宽容的态度。通过政府和民众的共同努力，中国的生态问题才可以得到有效的控制，中国生态文明的目标才可以实现。

最后，推动贯彻实施，通过具体可行的措施促进生态文明。在马克思生态伦理思想的指导下，在党中央正确战略思想和政策的引导下，我国需通过实际可行的路径去贯彻马克思的生态伦理思想，努力实现生态文明。"动物仅仅利用外部自然界，简单地通过自身的存在在自然界中引起变化；而人则通过他所作出的改变来使自然界为自己的目的服务，来支配自然界。这便是人同其他动物的最终的本质的差别，而造成这一差别的又是劳动。"[①] 针对现存的生态问题，中国政府和民众需通过具体有效的措施去加以解决和处理。针对草场退化日益严重的问题，中国需要做好四方面工作：一要建立和完善草地承包责任制，在落实牲畜承包的基础上，建立完善的草地承包责任制，以此来调动牧民对草原保护与建设的积极性；二要搞好网围栏建设，有计划地推行轮牧、休牧制度；三要加快人工草场和饲

---

① 《马克思恩格斯文集》第九卷，人民出版社，2009，第559页。

料基地建设，减轻冬春草场压力，提高草场抵御雪灾等自然灾害的能力；四要搞好草原水利建设，逐步建立科学合理的畜牧业发展模式。① 此外，加强草科学研究和人才培养也是重要的可行性途径。在退化草地治理中，许多理论问题有待解决，需要加深对草地退化机制的认识，以控制生物及非生物因素对草地退化的影响，为草地科学管理提供依据。同时，还需要开展草地退化与恢复机理研究，为退化草地的恢复与重建提供理论依据。在草地治理、恢复以及科研中，应加快培养大量的技术人员、管理人员。对现有的草地管理人员和基层决策人员进行培训，使它们树立草地资源有价及草地持续利用的观念，并把防治草地退化付诸行动。②

生物多样性问题是生态文明的重要组成部分，中国要想建设可持续性的生态文明，需要应对好生物多样性减少的问题。通过对马克思生态伦理思想的学习，人们应认识到，有效和长期可行的保护生物多样性的方法是持续利用生物资源，对生物资源的利用应以使生物多样性在所有层次上都得以保护、再生和发展为前提。另外，建议对生物多样性有影响的重要部门（如农业、林业、渔业、科研机构）制定生物多样性保护规划，并将其纳入他们的生产计划中。鼓励生物资源利用方式的多样化，包括根据当地资源的实际情况实施传统的农业和林业措施；推进科研与教育；采取必要的办法使保护区免受人类活动的影响和进行迁地保护。③ 生物多样性问题具有很大的跨区域性，为此在应对这一问题时应推动世界上的大多数国家参与进来，加强国际合作与协商，通过广泛的合作行为来推动生物多样性的保护工作。为了更好地保护我国生物多样性，应积极地开展国际合作，并制定相关的实施计划与细则，在必要的情况下应制定相关行政法规或法律。④

---

① 张海峰、刘峰贵等：《青海南部高原高寒草场退化机理及生态重建》，《自然灾害学报》2004年第4期。
② 张金屯：《山西高原草地退化及其防治对策》，《水土保持学报》2001年第2期。
③ 王丰年：《论生物多样性减少的原因》，《清华大学学报》（哲学社会科学版）2003年第6期。
④ 我国已加入的公约协定有《濒危野生动植物种国际贸易公约》《国际捕鲸公约》《生物多样性公约》《国际热带木材协定》《关于特别是作为水禽栖息地的国际重要湿地公约》等。我国颁布的法律文件有《中华人民共和国野生动物保护法》《中华人民共和国陆生野生动物保护实施条例》《森林和野生动物类型自然保护区管理办法》《中华人民共和国渔业法》《中华人民共和国森林法》《中华人民共和国草原法》等。

通过促进国际合作、制定国家规划、采取实际行动,建立关于生物多样性保护的国家政策纲要。良好的国际合作也可以带动国内生物保护行动的有效开展,从而推动生物多样性保护。

总之,在生态问题不断加剧的现状下,中国政府适时提出了建设生态文明的伟大决策。社会各个阶层需充分学习吸收马克思生态伦理思想的积极成分,不断为中国的生态文明建设做出自己的不懈努力。通过加深理论学习、制定可行性政策和贯彻实践落实等方面去加强中国的生态文明建设。

四 结语

近些年,我国在盲目追求发展的同时忽略了生态环境,导致人与自然之间的矛盾日益突出,造成了严重的生态危机。改革开放以来,我国经济得到了迅猛发展,人们的物质生活水平极大提升。过度追求经济的增长和扩大内需,不理性地开采和利用自然,导致生态环境问题和生态危机凸显,人们逐渐认识到生态环境的重要性。要建设生态环境良好的绿色发展观,必须摒弃传统的对人与自然关系的错误理解,在马克思生态伦理思想的指导下推动人与自然的和谐发展。本文对马克思的生态伦理思想进行了文本整理,力图把马克思生态伦理思想与我国生态文明建设相结合,树立一种全新视域下的马克思生态伦理思想,有效地解决我国出现的各种生态问题,推进我国绿色发展观的实践,实现人、自然和社会的和谐统一。

(责任编辑:孙智敏)

在道德建设中提升文化自信

——山东省莱州市实施"4+1"思想道德建设工程的调查与思考

刘中兴*

摘　要：公民道德建设不仅是推动社会主义文化强国建设的重要举措，也是提升文化自信的重要抓手。为探索在道德建设实践中提升文化自信的路径、方法及成效，笔者调研了山东省莱州市实施的"4+1"思想道德建设工程，从实施动因、基本做法、主要成效等方面做了考察分析，提出了在道德建设中提升文化自信的措施建议，以期推动此问题的更深入研究。

关键词：道德建设　文化自信　"4+1"工程

党的十八大报告将"加强公民道德建设，提升公民道德素质"作为扎实推进社会主义文化强国建设的重要举措，这突出强调了道德建设的重要地位，为我们进一步开展公民道德建设提供了目标和方向。党的十八大以来，习近平总书记又在多个场合提到文化自信，指出"文化自信，是更基础、更广泛、更深厚的自信。"文化自信成为继道路自信、理论自信和制度自信之后，中国特色社会主义的"第四个自信"。如何在道德建设中提升文化自信，如何以文化自信来引领道德建设，是一个重大的理论和实践问题。针对这一问题，笔者对山东省莱州市实施的"4+1"思想道德建设工程进行了专题调研，认为他们的做法具有很好的学习、借鉴和推广价值。

---

* 刘中兴（1984～），山东昌乐人，哲学硕士，烟台市委党校哲学教研室讲师，主要从事马克思主义哲学与社会发展理论研究。

一　实施动因

中央历来十分重视思想道德建设工作，特别是自颁布《公民道德建设实施纲要》以来，多次就加强思想道德建设做出安排部署。莱州市按照中央的要求，始终不移地把思想道德建设工作抓在手上，相继开展了很多宣传活动，做了大量的教育工作。但是通过2005年对全市公民思想道德状况的大调研，他们发现公民思想道德领域仍然存在许多问题：在家庭美德方面，98%的父母最渴望的事情是一生的辛劳能换来子女的孝心回报，但赡养问题引发的家庭纠纷甚至诉讼案件却呈现上升态势，特别是农村老年人养老问题较为突出，已经影响到农村的社会稳定；在职业道德方面，72.8%的人认为"诚实守信"是大多数人最缺乏的道德品质，失信行为不单单表现在商业交往中，而且已经渗透到人们的日常生活中，扰乱了社会秩序，败坏了社会风气；在社会公德方面，56.5%的人认为"社会责任感"是大多数人最缺乏的道德品质，82%的人认为社会活动中最需要的是陌生人之间无私的"爱"；在个人品德方面，社会成员普遍存在浮躁情绪，少数人急功近利、见利忘义、损公肥私，感恩党、感恩社会、感恩他人的意识比较淡薄；在未成年人思想道德建设方面，很多青少年受到各种情绪障碍和行为问题的困扰，而家长和社会却对他们的心理健康普遍缺乏重视，导致一些未成年人的价值观发生扭曲，精神空虚、行为失范，甚至走上违法犯罪的歧途。这些问题，涉及面广、危害性大，影响经济健康发展和社会和谐稳定。在这种形势下，如何找准切入点、抓住关键点，采取更加有效的形式来抓好思想道德建设，把中央的部署要求贯彻到位、落到实处，切实解决公民思想道德领域存在的突出问题，培育社会文明风尚，促进社会和谐稳定，为又好又快发展营造良好的社会环境，需要进行积极深入的探索和实践。为此，从2006年开始，莱州市按照中央关于加强思想道德建设的一系列部署要求，紧紧围绕建立与社会主义市场经济相适应、与社会主义法律规范相协调、与中华民族传统美德相承接的社会主义思想道德体系这一目标，依靠党委、政府的组织引领和广大人民群众的积极参与，从解决群众最关心的现实问题入手，突出重点，抓住关键，相继在全市范围内组织实施了"四德工程"和未成年人思想道德"心灵工程"，即家庭美德以"孝"为切入点,实施"孝德工程",突出生活保障、精神慰藉、敬业回报主题;职业道德以"诚"为重点,实施"诚德工程",突出忠诚事业、诚实劳动、诚信待人主题;社会公德以"爱"为核心,实施"爱德工程",突出关爱他人、爱护环境、奉献社会主题;个人品德以"仁"为目标,实施"仁德工程",突出知荣辱、懂感恩、尽责任主题;未成年人思想道德"心灵工程",突出心灵沟通、心灵塑造、心灵保护主题,从而建立形成了"4+1"思想道德建设体系。

二 基本做法

莱州市在推进思想道德建设工程中,坚持联系实际、创新实践、虚功实做,把意识形态的思想道德"软件"变成"看得见、摸得着、做得到、见效快"的"硬件",从培育对父母、长辈、孩子的"小爱"开始,延伸到对事业的"热爱",升华为对祖国和人民的"大爱",推动社会主义核心价值体系融入干部群众的思想深处,使"4+1"工程深入人心、扎实开展。

(一)创新宣传教育

把加强宣传教育作为实施思想道德建设工程的基础性工作,全面渗透,造浓氛围,让全社会人人皆知、广泛参与。综合运用电台、电视台、网站等宣传媒体,开设《美德赞》《和谐风》《社会各界谈道德》以及"心灵阳光热线""心灵之约"等12个专题栏目,宣传先进典型,宣讲建设要求,探讨交流问题,形成强大的舆论引导力量,使广大群众耳濡目染地接受教育。编好用好宣传教材,广泛印发《诚信职业道德规范》《感恩父母》等教育读本,编写孝德歌谣广泛传唱,开展百场事迹报告、百场故事宣讲、百场巡回演出、百场文化展览、百场摄影书画展"五个一百"主题活动,并以基层民间文化活动为载体广泛宣传。在公共场所设置600多处道德图文浮雕和大型公益广告,广泛刻制和张贴"四德"名言警句,进一步强化了宣传教育效果。坚持从孩子抓起、从教育入手,把德育教育作为学校教育的重要内容,对各年龄段学生分别编发德育教材、提出明确要求,形成了涵盖各学段的德育教育体系。

(二)倡树先进典型

注重挖掘典型、广树典型、爱护典型,以先进典型引领和带动思想道德工程深入实施。每年从各镇街、市直部门、村居、企业、学校等各个层面，选树"孝德"方面的"莱州现代二十四孝贤"、"诚德"方面的"百面旗帜"、"爱德"方面的"感动莱州十大爱心人物"、"仁德"方面的"道德模范二十佳"、"心灵"方面的"阳光少年"，各类典型达8000多个，使每个公民在思想道德建设的每个方面都学有榜样、赶有目标。注重从日常生活、平凡岗位上的"小人物""小故事""小细节"中挖掘典型，用身边人、身边事教育引导群众，让群众从小事、具体事做起，养成良好行为习惯，在耳濡目染中接受教育、升华心灵。注重用好和爱护典型，对评选出的先进典型进行大张旗鼓的宣传表彰，通过送荣誉上门、张贴照片和事迹、组织巡回演讲等形式，让典型事迹传遍千家万户，使先进典型在社会上受尊重、经济上得实惠、政治上受重用，在全社会形成了学典型、争典型、做典型的浓厚氛围。同时，注重发挥党员干部的模范带头作用，在孝、诚、爱、仁等方面做好表率、当好标兵，影响和带动广大群众加强道德修养，争当道德模范。

（三）强化道德实践

一是以强化责任约束为抓手实施"孝德工程"。把尽孝义务实化细化为具体责任，制定了内容详细、操作性强的"孝德"责任状，在提高赡养父母标准、解决医疗费用、改善居住条件、提供精神慰藉等方面提出具体明确的规定要求，从市、镇街、市直部门、村居到赡养人层层签署责任状，年底由所在单位对"孝德"责任落实情况进行张榜公示，强化行政监督、舆论监督和社会监督，促使赡养人自觉履行赡养义务。二是以加强行业自律为重点实施"诚德工程"。结合行业特点和岗位要求，研究制定了30多个行业自律守则，提出忠诚事业、诚实劳动、诚信待人的共同要求，从廉洁勤政、为民服务、诚信经营、勤劳致富等方面，分别对领导干部、机关干部、企业职工、工商业户、村（居）干部及群众等提出具体的诚信标准要求，通过公开栏、宣传栏、"莱州诚信网"等方式向社会公示，强化社会监督，促使各行各业加强自律、诚实守信。三是以开展爱心行动为载体实施"爱德工程"。由市直相关部门牵头，以爱祖国、爱人民、爱集体、爱自然为主要内容，以关爱他人、爱护环境、奉献社会为着力点，组织开展了爱心救助、志愿者助残、创建和谐劳动关系、文明出行、家园保洁、环保监督、文明祭祀、爱心认领、无偿献血、回报家乡"十大爱心行动",培育和增强群众的爱心意识和奉献精神,弘扬相互关爱、团结互助的传统美德。四是以"知荣辱、懂感恩、尽责任"为取向实施"仁德工程"。重点抓了市民形象提升、人际关系和谐、干事创业回馈三项工作,突出"友好、守信、实干、文明"的时代内涵,每年确定一个主题,通过开展"公民道德宣传日"等活动,着力提升市民文明形象。突出抓好以"讲平等、重亲情、促和睦"为主题的家庭和谐,以"讲协作、聚合力、促发展"为主题的工作和谐,以"讲礼仪、守秩序、促和谐"为主题的社会和谐,着力构建和谐人际关系。突出"履职尽责回报社会、自主创业贡献社会",教育引导干部群众以优异成绩和创业成果实现自身价值,回报家人和社会,着力抓好干事创业回馈,增强回报和奉献意识。五是以"沟通、塑造、保护"为着力点实施未成年人"心灵工程"。实施面对面的心灵沟通行动,构建了以私密个体沟通为点,以对特定群体进行专题专业心理辅导为线,以全面加强师生、家长与孩子间的沟通交流为面的"三维"心理健康维护体系,搭建心理咨询、情感表达、利益诉求、疏导情绪的平台,全面加强对未成年人心理健康的教育引导。实施心贴心的心灵塑造行动,通过举办道德问题辩论会、开展亲情援助活动、深化感恩教育等载体和形式,增强学生辨别是非、崇尚公德、感恩社会的意识和能力。实施手牵手的心灵保护行动,通过加强校外监管、净化社会环境、关爱困难和问题学生等,为保护和促进未成年人心理健康提供良好的校园环境、家庭环境和社会环境。

为确保"4+1"思想道德建设工程取得实效,莱州市健全完善了"四大保障机制"。一是健全领导机制。市、镇街、部门、村居、企业都成立了由主要负责同志任组长的领导小组及工作办公室,各成员单位各司其职、齐抓共管、抓好落实。二是健全自律机制。根据不同单位、不同群体的特点,分别制定内容完善、操作性强的道德行为规范,相关人员逐人签署,每年两次定期张榜公布,引导大家知行合一、自我约束。三是健全监督机制。主要从道德和法纪两方面建立监督评价体系,通过牵头部门和各单位的道德评议委员会,监督市民道德践行情况。四是健全奖惩机制。将"四德工程"和"心灵工程"作为精神文明建设和全市工作的重点,纳入年终综合考核，加大对先进单位、优秀个人的表彰力度和对不文明行为的曝光力度，树立奖优罚劣的鲜明导向。

三　主要成效

莱州市组织实施的"4＋1"思想道德建设工程取得了明显成效。

一是加强了社会主义核心价值观建设，提升了公民思想道德素质。实施思想道德建设工程，在全社会弘扬了中华民族的优良传统，增进了爱国主义情怀，坚定了理想信念，激发了人们内心深处至善至美的道德力量，形成了知荣辱、讲文明、促和谐的浓厚氛围，引导人们牢固树立起正确的世界观、人生观、价值观。全面提升了市民思想道德素质，干部廉洁勤政、忠诚事业，企业诚信为本、守法经营，群众尊老爱幼、乐于奉献，全社会积极向上、团结文明，人们更加自觉地履行法定义务、社会责任、家庭责任，为加强和创新社会管理奠定了坚实的思想道德基础。

二是形成了良好的道德风尚，促进了社会和谐稳定。通过实施思想道德建设工程，讲孝、行孝已成为莱州人的自觉行动，目前全市老年人和子女同住并住在向阳房间的达到80%，五保户集中供养率超过80%，城镇养老保险覆盖率和农民养老保险参保率分别达到98%和90.5%，新农合参保率达到100%，实现了老有所养、病有所医、住有所居。爱心救助、结对帮扶、志愿者助残等活动的深入开展，形成了人人关爱、帮扶、救助困难弱势群体的良好局面。这一民心工程充分体现了人文关怀，促进了公平正义，端正了社会心态，从根本上减少了矛盾纠纷、治安问题的发生，促进了社会和谐稳定。自"4＋1"思想道德建设工程实施以来，莱州市各类矛盾纠纷和治安案件下降趋势明显，其中家庭赡养纠纷和婚姻纠纷年均分别下降20%和26%。

三是密切了党群干群关系，改善了人际关系，增强了群众满意度和幸福感。通过实施思想道德建设工程，党员干部执政为民的意识明显增强，为民办实事好事、分忧解难的行动更加积极自觉，群众对党和政府更加信赖、拥护和支持，2014年村"两委"换届中支部书记、村主任"一人兼"的比例达到90%，村干部参选当选率达到95%。在各个阶层、各行各业培育树立了相互关爱、诚信待人、和谐相处的人际关系，推动形成了我为人人、人人为我的社会氛围。思想道德建设工程深得人心,全民参与热情高涨,全社会广泛认同,凝聚了党心、民心,人民群众的满意度和幸福感不断提高。莱州市在烟台市组织的群众满意度调查中连续六年名列第一,荣获2010年度"全国十大最具幸福感城市(县级)"称号,被评为"中国长寿之乡"。

四是营造了良好的社会环境,促进了经济又好又快发展。思想道德建设工程通过自律、他律、互律使公民、法人和其他组织自觉遵守社会共同行为准则,进一步完善了社会诚信体系,规范了经济秩序,营造了开放包容的人文环境,打响了"投资就选莱州"的投资环境品牌,吸引了越来越多的国内外知名企业前来落户。思想道德建设工程渗透融合到经济、政治、文化以及社会建设的各个领域、各个方面,塑造了开拓创新、奋发进取、创先争优的精神和气魄,营造了风正气顺心齐、干事创业发展的浓厚氛围,使思想道德软实力有效转化为推动经济又好又快发展的强大动力。莱州市地区生产总值由2006年的225亿元增加到2015年的717亿元,年均增长10.8%;公共财政预算收入由8亿元增加到57.3亿元,年均增长19%;2015年城市居民人均可支配收入3.6万元,农村居民人均可支配收入1.7万元。经济持续高速增长,在全国县域经济基本竞争力百强县、中小城市综合实力百强县排序中位列第33位。

四 启示和建议

习近平总书记指出,社会秩序只有成为全体社会成员高度认同、自觉遵守、共同维护的价值规范,才能真正牢固稳定。良好社会秩序和社会风尚的形成,思想是魂,道德是本。莱州市实施的"4+1"思想道德建设工程,从内容上看,是社会主义核心价值观建设在实际生活中的具体化、实在化,是加强和创新社会管理的基础工程;从做法上看,是对多年来思想道德建设经验的继承与创新;从效果和目的上看,是造福人民群众和子孙后代的幸福工程。他们的做法对于推进新形势下的思想道德建设、提升文化自信有着诸多启示。

第一,提升文化自信,必须把加强思想道德建设作为基础工程,真抓善做,持之以恒地推进。思想道德建设对于提升文化自信,对于引导人们自觉履行法定义务、社会责任和家庭责任，进一步规范社会行为、维护社会秩序、促进社会和谐具有重要作用。从一些地区和部门来看，思想道德建设虚化、弱化、活动化的现象较为普遍，莱州的做法较好地解决了这一问题，充分证明要抓好思想道德建设，党委、政府必须切实履行责任，像抓经济建设那样用硬招，像抓项目建设那样具体化，像抓基础工程那样持续抓，真正把这项工作摆上突出位置，下真功夫、实功夫，坚持不懈地抓紧抓好，确保取得实实在在的成果。

第二，加强思想道德建设，必须坚持重在建设的要求，从解决群众关心的现实问题入手，找准切入点和突破口。思想道德建设是一项复杂的系统工程，涉及方方面面。必须像莱州从孝、诚、爱、仁等方面切入那样，从解决思想道德建设领域存在的现实问题入手，抓住道德建设最核心、群众最关心的问题重点突破，找准切入点和结合点，积极回应社会关切，激发社会各界的共鸣，调动起广大人民群众和全社会的参与积极性，把解决现实问题的过程变成良好道德规范和社会风尚养成的过程。

第三，加强思想道德建设，必须遵循思想培育、道德养成的内在规律，创新机制和方式方法，增强实效性。良好社会风尚的形成是一个潜移默化、逐步积淀的过程，需要各方面付出长期艰苦的努力。要坚持道德教育和培养自律、他律、互律相统一，把传统美德与时代要求结合起来，把内心感悟与道德实践结合起来，把提升经济发展水平与强化人们的感恩意识、平和心态结合起来，创新方式方法，搭建载体平台，建立长效机制。要坚持贴近实际、贴近群众，尊重传统、尊重规律，注重创造、注重实效，把尊重人的权益、维护人的价值、促进人的发展作为基本目标；坚持从细节抓起、从自身做起，通过以教促化，把教育引导内化为个人的基本素质；通过倡树典型，使不同阶层、行业、岗位和年龄段的社会成员可比可学，促进形成良好的社会风尚；通过加强监督和约束，把法定义务落实为刚性责任，把社会倡导转化为具体行动；通过完善工作体系，把单纯由少数部门抓拓展为社会各方面协同推进，全面做好培养人、塑造人、提升人的各项工作。

第四，加强思想道德建设，必须与改善民生和加强社会管理紧密结合起来。要把思想道德建设融会贯通到经济社会发展的各个方面，充分凝聚和运用道德的力量，以社会文明素质的提升促进各项工作的开展。要始终围绕保障和改善民生这一经济社会发展的根本出发点和落脚点，坚持思想道德建设的工作指向与人民群众的意愿和需要相一致，强化以人为本、服务为先的理念，加大政府投入，提升社会保障和公共服务水平，为良好道德养成提供必要的物质条件保障。要把思想道德建设与加强社会管理结合起来，不断完善社会管理体系、社会诚信体系，形成自律与他律的有机统一，使公民、法人和其他组织的行为符合社会共同行为准则；集中力量和资源，着力解决好群众最不满意的突出问题，切实维护好群众的合法权益，不断提高群众的满意度和幸福感。

公民道德建设是一项长期的战略任务和复杂的社会系统工程，公民良好道德习惯的养成也是一个长期、渐进的过程，需要有目标、有计划、有组织地调动多方资源，多管齐下，共同推进。笔者建议，一是要在加强社会法制建设的同时，注重发挥中华民族传统文化对公民行为的调节作用，切实提升文化自信，把法制建设与道德建设紧密结合起来，依靠道德的力量引导人们自觉履行法定义务、社会责任和家庭责任。二是要强化各种新闻媒体和影视文艺作品的正确舆论导向，加大正面宣传的力度，坚决禁止反动、迷信、淫秽、庸俗等不良内容的传播，旗帜鲜明地批评各种不道德行为和错误观念，帮助人们辨别是非，在全社会树立起正确的行为导向。特别要强化社会主义核心价值体系在各种文艺作品中的宣传主体地位，不断巩固全国人民共同的思想基础。三是要重视党委、政府的政策导向作用，各种经济、社会政策对人们的价值取向、道德行为有着直接影响，各地区、各部门在制定政策时，不仅要注重经济和社会事业发展的需要，而且要体现社会主义精神文明和公民道德建设的需求，为公民道德建设提供正确的政策导向。四是要重视对地方性思想文化的挖掘和培育，进一步发挥各地优良传统文化对公民思想道德和社会行为的规范作用，推动社会主义核心价值观融入广大人民群众的思想和行动之中，在道德建设中提升文化自信，以文化自信来引领道德建设。

（责任编辑：孙智敏）

从离婚率的持续攀升论"家庭伦理道德"的重建
——以烟台市牟平区为例

高 娜 [*]

摘 要： 党的十八大后，习近平总书记深刻阐释了自己的"家庭观"，提出了"家庭建设"的重大命题。2015 年，中国共有 384.1 万对夫妻依法办理离婚手续，离婚率连续 13 年呈递增态势，离婚率的持续上升不仅使个人付出巨大的"试错成本"，也必将带来一系列社会问题。因此，我们既要警惕道德视角下的夸大其词，又要呼吁全社会重新审视家庭伦理关系、重新认识婚姻的价值与意义。

关键词： 离婚率 家庭伦理道德 重建

中华民族自古以来就重视家庭、重视亲情，"家和万事兴、天伦之乐、尊老爱幼、贤妻良母、相夫教子、勤俭持家"的家庭观念曾深深根植于中华大地。然而，随着社会转型的发展，中国传统家庭文化的精华要义日渐流失，离婚率持续攀升折射出社会成员家庭观念的淡薄及家庭伦理道德的缺失。

一 当前离婚率持续攀升的现状

离婚是指夫妻双方依照法定的条件和程序解除婚姻关系的法律行为，分为协议离婚（民政部门登记离婚）和诉讼离婚（法院办理离婚）两种方

---

[*] 高娜（1983~），山东龙口人，中共烟台市牟平区委党校教师，研究方向是传统文化、社会道德建设。

从离婚率的持续攀升论"家庭伦理道德"的重建

式。协议离婚，是指男女双方已对子女抚养和财产问题适当处理，自愿到婚姻登记机关申请离婚登记，并发给离婚证[①]。诉讼离婚是指夫妻双方对离婚、婚后子女抚养或遗产分割等问题不能达成协议，由一方向人民法院起诉，人民法院依诉讼程序审理后，调解或判决解除婚姻关系。本文所讲离婚率，为协议离婚和诉讼离婚之和。

据统计，改革开放之初，我国的离婚总量仅为28.5万对，2003年增长到133.1万对，25年增长了367%。民政部公布的《2015年社会服务发展统计公报》显示，2015年，中国依法办理离婚手续的共有384.1万对，粗离婚率为2.8‰，已连续13年呈递增态势。粗离婚率是指在一定时期内（一般为年度）某地区离婚人数与总人口之比，通常以千分率表示，由于人口基数大，粗离婚率的变化并不明显。为了更加精准直观，通常以当年离婚量与结婚量的比例来反应婚姻变化情况，例如，2012年，烟台市平均五对夫妻会有一对离婚，而2015年，平均三对夫妻就有一对离婚，可见，离婚已渐渐变得普遍化。

近年来，牟平区的离婚率也呈持续上升趋势，如图1所示。

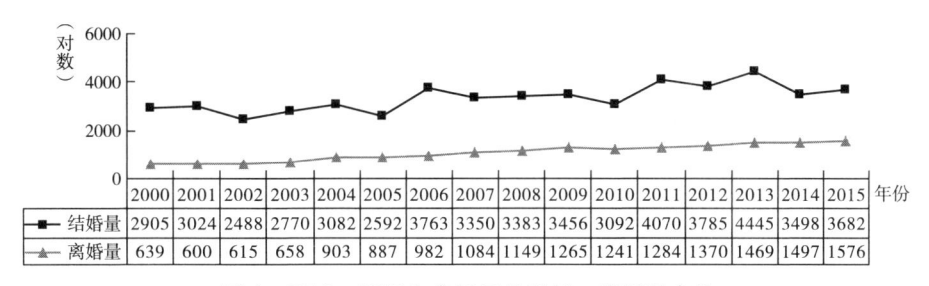

年份	2000	2001	2002	2003	2004	2005	2006	2007	2008	2009	2010	2011	2012	2013	2014	2015
结婚量	2905	3024	2488	2770	3082	2592	3763	3350	3383	3456	3092	4070	3785	4445	3498	3682
离婚量	639	600	615	658	903	887	982	1084	1149	1265	1241	1284	1370	1469	1497	1576

图1　2000~2015年牟平区结婚量、离婚量走势

资料来源：由作者对牟平区民政局婚姻登记处及区法院的实地调研整理而成。

从图1可见，2000~2015年16年间牟平区每年结婚量有升有降，但离婚量只升不降，其中民政部门办理离婚数量增长明显，法院审结的案件数量相对稳定，年均400~500件。从2003年10月1日起，新的《婚姻登记条例》实施后，离婚手续相对简化，取消了单位证明和审查期限，符合条件当天即可办理，以前因为手续烦琐而没有离婚的夫妇，手续简化后再

---

① 引自《中华人民共和国婚姻法》。

也不想维持名存实亡的婚姻，因而2004年离婚量较2003年大幅增长，至2005年有小幅回落。2000年，牟平区结、离婚比例为4.55∶1，即每4.55对结婚夫妇中会有1对离婚；2015年，结、离婚比例为2.34∶1，即每2.34对结婚夫妇中会有1对离婚，离婚总量较2000年增长了147%，离婚人群主要集中在40岁以下年龄段。离婚率的上升一定程度反映出人们思想的解放，对自由人权和高质量婚姻生活的追求，同时也刺痛社会的神经，告诉我们一个现实而又残酷的事实：婚姻的稳定性在逐年下降，社会的不和谐因素在逐年增多。作为一个经济尚不发达、思想尚不开放、民风尚为淳朴的县级城市，离婚问题已如此尖锐，可想而知，离婚率走高这是一个社会问题，我们既要警惕道德视角下的夸大其词，又要呼吁全社会重新审视家庭伦理关系、重新认识婚姻的价值与意义[①]。

二 离婚率持续攀升的伦理学角度分析

家庭伦理，又称家庭道德，是调整家庭成员之间关系的行为规范或准则，是社会伦理道德的组成部分。家庭伦理观念随时代发展不断变迁，在自然经济条件下的农业社会中，女子服从于男子；在家长制占统治的社会中，婚姻靠"父母之命，媒妁之言"；在私有制社会中，为保障财产不外流，婚姻一般选择门当户对；而后工业时代，"生活格局"发生了巨大变化，家庭规模变小，家庭成员流动性变强，受到愚昧和文明、传统和现代、封闭和开放各种不同文明的夹击与冲撞，成员之间的家庭观念发生巨大变化和代沟距离空前加深[②]。通过持续调研及随机走访，笔者发现，牟平区离婚率攀升的伦理学原因无外乎以下几种。

（一）夫妻不合

1. 婚外情导致婚姻不忠

外来文化的冲击，使国人崇尚民主自由，进而带来"两性"问题的开放，婚外情已成为现代婚姻的第一杀手。微信、QQ、陌陌等新的社交平台

[①] 田雨：《当代大学生婚姻家庭观与传统婚姻家庭观念的比较》，http：//www.docin.com/p-15224278.html。

[②] 朱巧香：《论家庭伦理道德的失范及家庭道德环境的建构》，《中国伦理学三十年——中国伦理学会第七次全国会员代表大会暨学术讨论会论文汇编》，2009。

的出现，为"婚外情"提供了便利，虚拟世界里的交友、网恋，最终有1/4发展到现实世界。然而，将离婚归结于社交软件的发展，显然并不合理，真正的症结还在于人们丢失了爱情的神圣感与家庭的责任感。加之社会对婚外情的宽容，外界约束力的减弱，自我约束力并没有提升，面对种种诱惑，一些人很容易对婚姻失去耐心和定力，特别是部分年轻人，对待婚姻的态度过于任性，甚至没有基本的责任观念和契约意识。当前，我国《婚姻法》对于夫妻关系虽尚未有配偶权的界定，但在该法第4条作出规定："夫妻应当互相忠实"。笔者作为80后，曾在已婚同龄人中做过问卷调查，结果显示夫妻忠诚实为不易，其中80%承认自己曾精神出轨，30%曾身体出轨，以男性居多，身体出轨中的一半被配偶发现而终止或离婚，有的配偶甚至同样以出轨作为交换，双方扯平，使本不稳固的婚姻关系更加岌岌可危。据不完全统计，牟平区50%以上的离婚案件源于夫妻一方的婚外情，有的当事人碍于情面，往往以性格不合作为敷衍，因此，婚外情导致的离婚比例实际更高。

2. 婚姻基础薄弱导致性格不合

随着社会的发展，80后、90后择偶观念发生重大变化，有的婚姻以金钱为基础，爱情观念淡化；有的闪电结婚，彼此缺乏深入了解。婚前为了愉悦对方，往往懂得包容，在婚后的柴米油盐中，小小的不合就会演变为家庭矛盾，甚至家庭暴力，传统的"夫唱妇随""相敬如宾"已不合时宜。同时，随着生活节奏的加快，青年夫妇生活工作压力较大，忽视了夫妻间的沟通交流。由于缺少沟通交流，缺乏包容忍让，有时一言不合，便要离婚，"闪结闪离"已不新鲜，"执子之手、与子偕老"与当今的婚姻现实格格不入。据了解，协议离婚时，性格不合已成为当事人最常用的说辞。

3. 家庭分工与地位对等的矛盾

传统家庭分工基本为"男主外、女主内"，男人挣钱养家，女人相夫教子，而今，家庭分工发生了巨大变化，由"男主外、女主内"变为双方共同"主外"，随之产生"谁主内"的纠纷。有的男性骨子里认为，女性无论在外如何打拼，回到家里都理应整理家务、照顾孩子；有的女性为在工作岗位体现价值，造成对家庭、子女的投入不够，并认为自己对家庭的金钱、物质贡献大于男性,对男性已不是传统的依赖关系,夫妻双方在内心互相抗衡,非要一较长短、一比高下,这为家庭的不和谐埋下了伏笔。调查显示,牟平区由于女性强势、女方主动提出离婚的案件接近1/3,说明女性掌握谋生技能后,更容易选择单身,不再为了共用资源而维持婚姻。

(二) 子女不孝

亲子关系的疏远和孝亲观念的变化,冲击着婚姻家庭的和谐。

1. 敬亲、感恩思想严重不足

传统孝道伦理主要是利用礼仪使人们体会到父母的生养之恩,现代社会不再需要繁文缛节,但对父母心存尊敬、感激之情还是应有之义,孝亲不仅是物质的供养,更是情感的给予,不仅孝敬自己的父母,更要孝敬对方的父母。经常看到妻子对公婆、丈夫对岳父母态度冷淡,有的在城市生长、家庭相对强势的妻子带有优越感,不愿意融入对方家庭,与丈夫家庭成员的人际关系非常紧张,婆媳不合已成为继婚外情后影响婚姻稳定的第二大杀手。在婆媳矛盾中男性成为最直接的受害者,妻子的丈夫和婆婆的儿子,这种双重角色在男性身份上进行拉锯战[①],最终使夹缝中的男性无法忍受,以离婚告终。调查显示,牟平区离婚案件中,有相当一部分是"门不当、户不对"的婚姻,双方家庭经济、社会地位悬殊,弱势方及其父母得不到应有的尊重。

2. 对上、对下关系错位

现代家庭独生子女居多,部分独生子女思想偏激,以自我为中心,啃老、倒孝,超前消费;相反父母则过度节俭,一味为子女攒钱,不舍消费。亲子关系上,对孩子过于溺爱、对父母过于苛刻,"尊老爱幼"与"天伦之乐"必然相连,一个家庭只有"长幼有序""尊老爱幼",才能和睦幸福、尽享天伦。据调查,长幼无序的现象在现代家庭普遍存在,虽不是导致离婚的直接原因,但长此以往势必伤了老人,害了孩子,毁了家庭,最终家将不家。

---

① 吕鹏:《丈夫、父亲、儿子与情人:家庭伦理电视剧中的男性角色》,《重庆邮电大学学报》2011年第1期。

(三) 父母不慈

1. 婚前对子女择偶的干涉

如今"父母之命，媒妁之言"的传统择偶观已土崩瓦解，父母不再包办婚姻，但父母的认可仍然重要。父母为子女择偶时，更看重社会经济条件，追求实用主义，具有功利性。父母处于爱的名义，为子女严格把关的同时，却忽略了婚姻中最重要的一个因素——情感，被父母干涉的婚姻基础往往都不牢固，这样的家庭伦理观显然不符合时代的发展，明智的父母应该充分利用亲情的裙带关系，该放的放、该收的收[①]。

2. 婚后对子女生活的干扰

父母以保护之名过度干涉子女的婚后生活，袒护自家子女或由于地域等原因联合家庭成员排斥对方，从而引发小夫妻的矛盾。还有的父母对子女自主选择的配偶不满，在小夫妻闹矛盾之机，劝说子女离婚，没有尽到长辈对晚辈的教育、指导之恩。父母之所以插手子女婚姻，既有社会大环境因素也有父母个人因素。由于我国的人口政策，多数家庭的生活重心会放在子女身上，很多孩子从小到大，不管大事小情，都由父母决定。同样，在婚姻生活中也过度依赖父母，有时，小夫妻可能会床头吵架床尾和，但是，由于父母的不理性干预，最终演变成两大家族的战争，以离婚收场。调查显示，在填写离婚原因时，很多80后夫妇将其归咎为父母的干涉，甚至有人直言"丈母娘是婚姻的天敌"。

(四) 手足不睦

中国人的婚姻从来都不是两个人的婚姻，而是两个家庭的婚姻，因此在婚姻关系里面，家庭与家庭、家庭成员之间的关系，兄弟姐妹及其配偶之间的关系也是家庭伦理的重要组成部分。手足不睦大多发生在年长的大家庭，虽不能直接导致离婚率的攀升，却是家庭伦理中较为尖锐的一对矛盾。所谓上行下效，恶劣的家庭环境会影响子孙后代，使"手足不睦"代代相传，对此必须予以警觉。

---

① 艾丽丽：《爱情与亲情冲突困境——父母在子女择偶过程中的干预及影响研究》，硕士学位论文，曲阜师范大学，2012。

三 助推家庭伦理道德重建的实践路径

重建家庭伦理道德应该在社会大视角下寻求对策,通过公共政策引导民众的价值观和婚姻观及时回归。针对以上问题,牟平区积极践行习近平总书记的"家庭观",深入研究"家庭建设"重大命题,通过"确立一个理论、建设一个基地、倡树一批典型、构建一个网络",对家庭伦理道德进行全方位的重新建构。

(一) 确立一个理论,传承儒家文化

家庭伦理道德的重建,要根植于中华优秀传统文化。儒家思想在中国传统文化中占据主导地位,儒家以血缘和生命为中心,展开对人生的思考,家庭自然被看作个人生命与价值的源头,因此,儒家思想的核心就是家庭伦理观念,这可以从通行于中国封建社会2500多年之久的所谓"三纲""五伦"的纲常名教中找到佐证[①]。《孟子·滕文公上》言:"使契为司徒,教以人伦:父子有亲,君臣有义,夫妇有别,长幼有叙,朋友有信。"在君臣、父子、夫妇、兄弟、朋友"五伦"中,父子、夫妇、兄弟属于家庭伦理的范畴。东汉时,班固编纂的《白虎通义·三纲六纪》根据董仲舒的思想,完整表述了"三纲"的意义:"三纲者,何谓也?谓君臣、父子、夫妇也。故君为臣纲、父为子纲、夫为妻纲",其中涉及家庭人伦关系的两纲,即"父为子纲,夫为妻纲"。因此,"三纲""五伦"是封建社会道德的总纲,是社会的根本性原则。

如何才能对传统儒家文化进行批判性的继承,为当代家庭伦理道德重建所用呢?为此,牟平区专门成立了家庭建设研究会,从党校、妇联、丰金书院、尼山书院选派骨干力量组建家庭伦理道德研究小组,邀请山东省家庭文化研究会专家委员会主席全程指导,对传统伦理"三纲""五伦",尤其是家庭"两纲""三伦"进行科学分析及去芜存精,形成了重建家庭伦理道德的核心要义,为家庭伦理道德的重建确立了理论基础。

1. "夫义妇德"与现代家庭的稳定

传统文化中,夫妻之间除了结发同心的爱情,更有一份彼此关怀的责

---

① 吕红平:《先秦儒家家庭伦理及其当代价值》,博士学位论文,河北大学,2010。

任,这一点正是儒家伦理的"夫义妇德",其体现了自由与价值的结合。"夫义妇德"出自儒家经典《礼记》,其中"夫义"就是"做丈夫应尽的道义",丈夫的责任是把家庭建立起来,成为家庭的支柱①。"妇德"是"妻子的德行",体现在"贞、顺","贞"是贞节,指女性把自己内在所有的力量毫无怨言地全盘付出,履行"相夫教子"的道义;"顺"是和顺,指对丈夫的态度、言语要和顺。在现代婚姻中,男性并不是很弱,还是"男主外、女主内"比较科学;"相夫",是要妻子帮助丈夫把好廉政关、守法关;"教子"是夫妻双方的共同责任,但女性应该发挥更大作用,母亲有哺育孩子、照顾孩子的天然优势。

2. "父慈子孝"与现代家庭责任

"父慈子孝"出自《礼记·礼运》,指父母对子女慈爱,子女对父母孝顺。父亲要扮演好两个角色:对上孝敬父母,对下慈爱子女。对上孝敬父母,子女自然看在眼里,自会效仿学习,这也是对子女最好的教育。今天提倡的"孝",是对传统的超越,对父母的尊敬和赡养是发自内心真实感情的表达和责任的体现,而不是来自于对父母的权力或宗法关系的畏惧。因而,"孝"是建立在人格平等前提下子女对父母的道德义务,是现代家庭伦理中调节亲子关系不可或缺的道德规范。对下慈爱子女,但慈爱不仅在"养",更在"教",父亲要以身作则做表率,行端身正,子女才会敬重父亲,妻子才会以夫为荣,家庭内部自会尊卑有序。慈爱还应"慈中有严",帮助孩子从小树立正确的世界观、人生观,使子女以健全的人格和坚强的意志面对复杂的现实问题,父与子在权利与义务的对等中,完成各自肩负的家庭责任。在潜移默化中,培育良好家风,其实家风的涵养,就是人格的涵养;家风的重塑,就是健全、坚强之人格的重塑。

3. "兄友弟恭"与现代家庭团结

在中国传统文化中,"兄弟"称手足之亲,兄弟和睦与孝顺父母并重,二者并称"孝悌"。"兄友弟恭",要求兄弟姐妹之间在利益上,相互谦让;在困难面前,互相帮助;在生活中,常来常往。在尊重各自人格的基础上,为长者,对弟要给予足够的指导和关爱;为幼者,对兄长要敬重。在

---

① 引自杨淑芬老师主讲的《夫义妇德》。

现代家庭中,随着独生子女的增多,却并不意味着"兄友弟恭"失去了价值,可将其扩展到同学、同事、朋友等同辈群体中,以"四海之内皆兄弟"的胸怀,构建良好的人际关系,促进身心和谐、工作和谐、社会和谐。

(二) 建设一个基地,深化家庭教育

我国是一个重视家庭伦理教育的国家,首先,是家庭成员的自我教育。在传统社会,学校教育并不发达,绝大部分人没有机会入学读书,家庭教育则成为保存、传递家庭伦理的重要途径。祖先在长期的家庭生活实践中,提出并总结了许多家庭成员之间应遵守的道德规范,例如,被誉为"中国家训之祖"的《颜氏家训》《朱子治家格言》《曾国藩家书》等著作[1]。其次,在古代,由于政府的倡导,有机会入学读书的孩子,从小开始接受一套完整的儒家思想教育,家庭伦理教育被纳入必修课程[2]。如今,在受儒家思想影响深远的国家及地区仍是如此,有的韩国家庭,子女结婚前,女方父母要送女儿到专门的培训班学习家庭道德伦理,还要学习烹饪、缝纫甚至打扫卫生等各种技术,这种教育现在看来不是多余,而是必要。

自古以来,家庭的自我教育和外部教育都是道德伦理教育的重要途径,然而,在自我教育明显不足的今天,如何加强外部教育?牟平区进行了有益探索,2016年3月4日,牟平区举办了"弘扬传统美德·传承良好家风"的家庭伦理道德建设启动大会,这标志着全区家庭伦理道德建设的全面启动。牟平区又以深化家庭教育为目标,以原有民办国学交流协会"丰金书院"为依托,创新建立"家庭伦理道德公益培训基地"。"丰金书院"成立于2013年,由企业家开办,2013~2015年3年来,共面向全国、全区开办师资班4期,培养道德教育老师100多人,开办"传统文化与家庭和谐""家庭伦理道德与健康"等初级班40多期,有3000多人接受教育,参加人员涉及各行各业,可见"丰金书院"在家庭教育方

---

[1] 方逸梅:《和合思想视域下我国家庭伦理道德重建》,硕士学位论文,苏州科技学院,2014。
[2] 裴夕:《传统儒家家庭伦理及其对我国现代家庭伦理建设的启示》,硕士学位论文,西南财经大学,2010。

面早有建树。

牟平区将"家庭伦理道德公益培训基地"建在"丰金书院"可谓互相借力，一可借鉴"丰金书院"成功经验，避免培训走弯路；二可借基地建设东风，提高"丰金书院"知名度，使牟平区国学机构遍地开花。"家庭伦理道德公益培训基地"由政府搭台、企业家开办，实行公益性免费培训，全封闭教育，每期招收学员60名，学制9天，通过课堂讲授、经典诵读、现身说法等形式，用浅显的语言、生动的案例、真诚的表达，阐释五伦八德、修身齐家之法，使家庭成员正确认识自己、了解他人，做好本位，与家人和谐相处。学员来源一是广泛招收，通过网站、公众微信号等渠道向全区公开，学员自主报名；二是重点招收，选取登记结婚新人及感情出现摩擦的夫妻，采取自愿原则，分层分类开展培训。对于结婚新人，传授"家道伦常"，使夫妻双方明确各自的权利与义务，明确如何做一名好丈夫、如何做一名好妻子；使新婚夫妇迅速转变角色，懂得如何化解家庭矛盾，维护婚姻的持久稳定，有效降低离婚率。据了解，由于离婚量的增加及出于对个人隐私的尊重，民政部门的离婚调解已不能发挥实际作用，因此，"家庭教育"可为出现摩擦、有离婚意愿的夫妇提供缓冲，通过教育，使夫妻双方重归于好。

培训基地成立半年来，"丰金书院"培训班次、规模较同期增长50%以上，让近700个家庭从无休止的争吵打闹中解脱出来。其中108位因为吵闹不休，甚至大打出手，长期分居的夫妻，学习后夫妻同心同德，共同经营幸福的家庭；38位已经离婚的男女，学习后有复婚打算，或者改善了关系；24位婆媳互相怨恨甚至打闹，多年不来往，儿媳不称呼公婆为父母，学习后儿媳向老人道歉，家庭和乐；58位年轻的孩子怨恨父母，30多岁不结婚、啃老，甚至打骂父母，学习后向父母痛哭流涕、悔过自新；46位父母怨恨孩子，无法与孩子沟通，学习后找到问题根源，改善亲子关系；384位因为性格心态，导致人际关系处理不好，与领导同事及兄弟姐妹相处不愉快的人士，学习后改变性格、调整心态，开始幸福的生活[①]，基地的成立对改善家庭关系、重塑家庭道德伦理成效显著。

---

① 数据案例来自对牟平区"丰金书院"的实地调研。

（三）倡树一批典型，引领道德风尚

如何才能让"家庭伦理道德公益培训基地"被越来越多的百姓认可？如何能在社会形成"家和万事兴"的道德风尚？牟平区在宣传上下了功夫，通过和谐观念、和谐文化的传播，唱响"智慧家庭""美丽家庭""文明家庭""幸福家庭"的家庭文明主旋律。先后召开"五好评选"，评选"好媳妇""好婆婆""好妯娌""好儿女""好邻里"，通过典型带动，形成比学赶超氛围；开展"寻找最美家庭"活动，涌现出一大批孝老爱亲、勤劳致富、教子有方、热心公益、邻里互助的"最美家庭"，利用"三八"妇女节之际为百户"最美家庭"颁发奖状。同时，牟平区还利用党校平台，广泛开展家风教育，将"家风课堂"搬到百姓家里，就邻里相处、家庭和睦问题现场模拟、情景再现，教师当场开出"药方"，语言风格一改往日的高大上，变为话糙理不糙的"大土话"，变身掏心窝子的"自家人"，补齐了"培训基地"的资源短板；在党校设立家风展示基地，通过丰富多彩的实物展品展现中华先贤树立传世好家风、好家训的历史足迹，展示全国、省、市"最美家庭"的感人故事，使健康的家庭观念融入每一个家庭。通过理念的传播、典型的倡树，引导家庭成员模范遵守社会公德、职业道德、家庭美德，营造"尊老爱幼、男女平等、夫妻和睦、勤俭持家、邻里团结"的家庭氛围，以健康的家庭文化生活助推社会的和谐发展。

（四）构建一个网络，上下互联互通

如何才能让"每一个人都动起来、每一个部门机构都参与进来"？为此，牟平区调动一切力量，通过政策支持、舆论引导、媒体宣传营造出一个人人想参与、人人要参与的外部环境，构建起一个部门统筹联动的网络布局。对于各类国学机构，牟平区加大资金、政策倾斜，引导国学机构加大传统家庭文化推广研究；提高培训机构权威性，例如，授予"丰金书院"为"全区家庭伦理道德公益培训基地"，使"丰金书院"从一个名不见经传的民间机构发展成为一个官方授予的公益平台。对于各部门单位，发挥联动作用，区妇联在"培训基地"的宣传、运作过程中给予大力支持，使其影响力进一步提升；民政部门对全区婚姻状态及时跟踪，对每一对前来登记的新人发放培训邀请函；法院针对每一件家事案件，设立家事调查缓冲期,除了对双方当事人进行必要的调解,还将其作为培训基地的目标人群;区委党校对"培训基地"的运作模式、培训方式、培训效果实地调研,及时总结,在各级媒体刊发推广,通过亲身体验,将"培训基地"的培训理念适度融入党校培训,并在党校探索建立一个更高范围、更广覆盖的"家庭学校",进而在全区营造"家庭建设人人有责"的良好氛围。

(责任编辑:孙智敏)

稿　约

《伦理与文明》是由山东省伦理学与精神文明建设研究基地主办的研究道德现象与道德建设问题的学术性集刊。本刊注重内容的综合性与广泛性，涵盖伦理学基础理论、中西方伦理思想史、应用伦理学、思想道德建设的实践经验等相关问题的研究与探讨。

《伦理与文明》由社会科学文献出版社出版，每年上下半年各出版一期。本刊面向国内外从事伦理学研究的专家学者以及从事思想道德宣传教育的工作者征稿。本刊内容包括伦理学原理研究、中国传统伦理研究、行政伦理研究、精神文明和思想道德建设研究、发展伦理研究、科技经济伦理研究、书评及相关学术信息等。

来稿要求及注意事项

一、稿件必须是未发表的原创性稿件，包括学术论文、书评、翻译文章、调研报告等。字数以5000~14000字为宜。请勿一稿两投，请遵循学术规范，如出现剽窃，文责自负。

二、来稿请遵循本刊的引文注释规范

1. 来稿由标题名、作者名、具体到学院或研究所的作者单位、摘要（200~400字）、关键词（3~5个）、正文组成。另外还需提供论文的英文题目、摘要及关键词。

2. 来稿注释一律采取当页脚注，另页重新编号。注释以阿拉伯数字①②③④⑤等编号。格式为"作者：《书名》，××译，出版社，出版年份，第××页"；引用期刊文章格式为"作者：《文章名》，《期刊名》××年第××期"。

3. 来稿请在稿件上注明真实姓名（发表时可以使用笔名）、详细通信地址、邮编、电子邮件和电话。

三、来稿由本刊编辑部初审，并邀请本领域专家学者担任论文审读人，对来稿实行复审；编辑部有权对来稿进行修改，有关内容的修改意见将反馈作者，作者在投稿三个月内未接到用稿意见，可自行处理。

四、来稿请将电子文本 Word 文档发送至编辑部指定电子信箱或寄送打印稿件。电子邮件请发至 lunliwenming@163.com。邮件主题注明：《伦理与文明》稿件。打印稿件请寄：山东省济南市旅游路 3888 号中共山东省委党校哲学部；邮编：250103；收稿人：陈彬、王超；信件封面请注明"投稿"字样。寄送打印稿件的作者需同时向编辑部发电子文档，未按要求发送电子文档的，编辑部不予受理。

五、来稿一经采用，出刊后即寄送样刊，并酌情支付稿酬。

《伦理与文明》编辑部

2016 年 6 月

Ethics and Civilization
2017 vol. 5

Table of Contents & Abstracts

Publication of the Special paper

Tunnel Light: Three and a half History of Harmonious Prosperity Dynasty (II)
—A Study Based on Harmonious Ethical Dimension *Liu Changming* / 1

Abstract: Generally speaking, the "three state" – mentality, social states, and the natural ecology is three dimensions of harmonious society. In this way, harmony among mind (xinhe), among people (renhe), and among haven (tianhe) objectively is measure index of harmonious system. On the basis of this system, there are three kinds of the social status which are harmonious society, uncertain society and imbalance society. Harmonious society, which we call now, is the society which ego, others and the natural are in a statue of harmony. Harmonious society just as history of harmony of tunnel light was desirable. Look back at history of 5000 years, there are three and a half phases can be called harmony society. Rao period, when the human and naturalis in a statue of harmony, is the first phase of harmony society. Wen – Jing period, everyone follows the rules of natural. The harmony statue is continued in 70 years which stunned descendants. Zhen – Guan period, the emperor is wise and the courtiers are loyalty. This period lasted 20 years. Kangxi – Qianlong Period, which includes brilliant and sadness, just like the brilliant before the fall, which breeds the seeds of imbalance society. So it was called half of the harmony society. Along the tunnel of the time, the dust of culture was washed, and the culture of harmony was permanent survived.

Key words: tunnel light; Rao period; Wen – Jing period; Zhen – Guan period Kangxi – Qianlong Period

Moral Confidence and Moral Consciousness

An Inquiry into the Debate Between Righteousness and Personal Welfare in the Horizon of Ethics of Mankind *Ren Chou* / 10

Abstract: Being approached within the realm of ethics of mankind, the principle underlying the debate between righteousness and personal welfare in the context of Chinese ethical system can be grasped as follows: a feudal ruler presides over his subjects' destiny, thus all the subjects are reduced to the means to the end, maintaining the stern reign of the ruler. For the sake of persuasiveness, the debate between righteousness and personal welfare are built upon an unjustifiable hypothesis that every household constitutes an indispensable part of the whole country, in another word, no one can cast off the bonds with the country under any circumstances, and every subject can merely subordinate his personal welfare to public interest. In reality, the ultimate goal lies in that the hypothesis paves the way for the feudal ruler to attain his absolute control over all his subjects. To probe deeply into this hypothesis, we have found that an analytic proposition has been necessarily adopted to make the distinction between every household and the whole country obscure, in other words, to erase the line between personal welfare and public interest. What's more, a synthetic proposition has also been put forward to mark off the feudal ruler and his subjects in order to reinforce the authority of the ruler. Nevertheless the intrinsic contradictions between analytic proposition and synthetic proposition have led the debate to a desperate situation. By announcing the end of the debate based on classic empirical ethical framework, it foretells that a new round of debate between righteousness and personal welfare grounded on the framework of modern theoretical ethics is at the threshold, and a priori synthetic judgment concerning this debate has just come along. The debate between righteousness and personal welfare stems from analytic judgment and synthetic judgment, preserving their positive elements while abandoning those negative factors. It elevates itself to a higher level, namely, a priori synthetic judgment, and in this way, it has witnessed an epoch – making transformation from the worship of Natural Law based on natural violence to the Law of Freedom taking root in the spirit of mankind yearning for freedom. To some extent, it has incorporated and surpassed the Principle of Utility and Deontology in the spectrum of modern theoretical ethics, and theoretically speaking, it will shed some light on the pursuit of applied ethics in the horizon of morality of mankind.

Key words: horizon of ethics of mankind; debate between righteousness and personal welfare; analytic proposition; synthetic proposition

"Juyiqi"
—The Internalization of Confucian Classics and Its Boundary *Yang Zeshu* / 28

Abstract: There are many paradigms in the history of confucianism. It is supposed that confucianism has its own system of idea. The theoretical basis moving three times about mencius mother and choosing the best neighborhood, is from "juyiqi" by mencius. We can say that these propositions are all about practical wisdom and the Dao in daily human relations. In the past, the discussion of the theory of "good nature" has focused on the metaphysics. Focus on the form of the "juyiqi", the subject of virtue is just the same as. This will also be beneficial to the study of mencius to return to the right path.

Key words: Dao in daily use; the internalization of Confucian classics; one's position alters the heart; boundary; Mencius

The Study on the Implication of Chinese Painting and its Trend in the Perspective of Traditional Culture *Li Hongzhen* / 40

Abstract: Chinese painting is a typical form of Chinese culture, which contains profound Chinese cultural implication. This study explored the connotations and characters of Chinese painting from the perspective of Chinese traditional culture. It concluded that not only the "national spirit" but also the "spirit of the times" should be reflected in Chinese painting creation for the inheritance and development of Chinese painting.

Key words: Chinese painting; Chinese traditional culture; implication; tradition and modernity

Taking Pains to Show Confidence
—Reflecting about Chinese Cultural Conservatism Since the Late Qing Dynasty
Sun Chengzhu / 51

Abstract: Since the late Qing Dynasty, when Chinese culture do defense for its self – existence in modern time, The cultural conservatives can be described as painstaking in the following three questions: first, They tried to keep the conception of Chinese roots and western branches on Chinese cultural reconstruction, second, they defended Chinese traditional culture, and third, they braced the Chinese cultural subjectivity. For the contemporary reconstruction of Chinese culture, it is can't avoid to review and to inspect this cultural landscape constantly.

Key words: Chinese cultural conservatism; Chinese cultural root and western branches; Chinese traditional culture; cultural confidence

Cultural Confidence: A Check of Traditional Ethics *Dong Bing* / 63

Abstract: The Chinese civilization has a profound moral and cultural resources, this is our precious wealth and the reason of cultural confidence. However we should face the historical limitations of traditional ethics, to reflect and view the attitude to it, which is an important aspect of cultural self – confidence. Chinese traditional ethics is rooted in the patriarchal clan social hierarchy, with morality as the core of the "Rites" in order to play an important role in the social order, stability and national survival, but it brings the alienation of moral nature and the function of law. It is also a historical fact. Our morality and the rule of law still need to be examined in theory and strive to avoid it in practice.

Key words: cultural confidence; rule by rites; moral alienation; legal allienation

Cultural Confidence and Moral Identification

Based on the Cultural Confidence Deviation is Aaron

—The Creative Transformation of Traditional Chinese Culture Value and the Establishment of Socialist Core Values *Yin Tongjun* / 82

Abstract: This article is intended to promote the trust of Chinese culture, civilized London base. Socialist core values of traditional Chinese culture is a product of value changes, it is a civilization of today's Chinese society to build human relationships foundation. Lecture of the fine traditional Chinese culture will promote the great rejuvenation of the Chinese nation, the Chinese culture and establish a strong self – confidence. At the same time, to create a high degree of trust of Chinese culture at the same time a high degree of awareness and self – improvement, the Chinese nation must be on the road to self – confidence, self – reliance theory, institutional self – confidence and cultural self – confidence the great rejuvenation of the journey Should play.

Key words: the value preference correction; the socialist core values; cultural confidence

Research on the Change of Social Values and the Countermeasures in the New Period of China　　　　　　　　　　　　　　　　　　*Liang Qiwei* / 91

Abstract: New changes of social values in our country has its own characteristics, connotations, laws and trends; These changes not only have objective necessity, but also they are important challenges of ideology; Facing the new changes in values, our countermeasures and methods are not enough perfect; Responding the new changes must create new paths and measures.

Key words: social values; change; response to the path

On The Cultural Criticism and Reconstruction in the View of Cultural Hegemony
　—The Contemporary Considerations on Gramsci's Cultural Hegemony
　　　　　　　　　　　　　　　　　　　　　　Wang Chao / 101

Abstract: Gramsci's cultural hegemony theory as a critical theory about culture fields establishes the establishment of proletarian ideology leadership. This theory is based on the fact that the reality of Western capitalist reality, to construct the proletarian cultural hegemony in the capitalist environment, that based on "critical philosophy"、"collective consciousness", "organic intellectuals" and "positional warfare" etc, a series of concepts and concepts to establish the theory of cultural hegemony. Based on the importance of the organic intellectuals, and the long – term and strategic thinking of the construction of cultural hegemony, all these has important guiding value for the construction of the socialist cultural self – confidence.

Key words: cultural hegemony; cultural criticism; organic intellectual

On the Perspective of Existentialism of Moral Self – confidence
　　　　　　　　　　　　　　　　　　Zhang Dawei, *Lu Yuyao* / 124

Abstract: In the perspective of existentialism, the reality of moral self – confidence is neither the various moral values nor the moral agents' diversi form and difference existence, but the irreducible gap between those two. The morality signifies that people how to understand their own existence, which precedes the essence of morality. With the human's existence developing from the collectivity – oriented to individuality – oriented, the corresponding morality develops accordingly. The realistic basis of moral self – confidence is derived from existence, rather than pure consciousness. The freedom and well – being of existence is the purpose, and the openness and inclusiveness is the inevitable course of moral self-confidence.

Key words: moral self-confidence; parallax view; existentialism; difference

On The Source of the Cultural Confidence   *Li Danlei* / 137

Abstract: Xi Jinping mentioned the cultural confidence in several speeches, which indicated that the Communist Party of China is more mature to grasp the cultural power. At the same time, it indicated that cultural confidence has become a powerful force of the construction of socialism with characteristic. The cultural confidence also means that we have a sense of pride for our cture. The culture confidence is not "no source of water, no root of wood". It has not only rich history, but also realistic revolution. It derive from our excellent traditional culture, from the culture of socialism with Chinese characteristic of Marxism guidance, from the leadship of the Communist Party of China. We should strengthen the cultural confidence and constantly carry out cultural innovation. We should not be self-conceit, meanwhile not be self-abasement. We should face the national culture with the correct attitude.

Key words: cultural confidence; source; cultural innovation

The Formation and Realization of Cultural Confidence

The Significance of Confucian Humanistic Spirit to Moral Construction from the Perspective of Harmonious Society   *Xu Yazhou* / 150

Abstract: The humanism is the core value of Confucianism. Its inherent "human-centered spirit", "hardship spirit", "Ledao spirit", "Duxing spirit" run through the Confucian classics, which are the base of the development of Confucianism over two thousand years. In the new era of construction of the intellectual civilization, how to deal with the impact of western person individualism, liberalism, and how to make Chinese characteristics and effective moral construction come true, are the topic of the times inevitably. According to the re-excavation of the humanism of Confucianism, re-interpretation of "human-centered spirit", "hardship spirit", "Ledao spirit", "Duxing spirit" in the perspective of the times, these will be filled presently in the moral construction, so as to solidify the base and reinforce the foundation construction of the intellectual civilization.

Key words: Confucian; humanism; moral construction

Study on Culture Confidence and the Core Values of Chinese Socialism

Carrying forward the Excellent Traditional Culture and Promoting the Moral Quality of Citizens

——A Reflection on "Cultural Confidence and Moral Construction"

Wang Luning / 158

Abstract: Cultural confidence is the condition and foundation of road confidence and system confidence. There is no way of cultural self – confidence, self – confidence and institutional confidence will lose the theoretical support; adhere to the cultural heritage, learning and creation of culture of mutual support and moral construction, actively inherit excellent traditional culture, learn from the achievements of human civilization, is conducive to improve public morals quality, further improve people's confidence and moral quality. Chinese excellent traditional culture is the premise and foundation of the Chinese traditional moral civilization inheritance and development, enhance cultural self – confidence, China inherit and carry forward the excellent traditional culture, to strengthen the moral construction, improve the moral quality is very useful. What we should advocate is the most basic moral code that all members of society must abide by. Such a moral ability to become the core of the core things, in order to have a universal moral constraints. In order to meet the legal norms of people's behavior, the maintenance of social order, such a moral necessity is the bottom line of ethics. The socialist core values are closely related to Chinese traditional culture, traditional culture Chinese contains Chinese happiness, happiness Chinese cultural philosophy, traditional concept of happiness is one of the core values of socialism is an indispensable source of ideas in the construction, and it China other traditional culture constitute the view of national basic construction of socialist core value. In essence, Chinese traditional culture is a kind of virtue culture, which includes rich traditional virtue and traditional concept of happiness, which is the foundation of socialist core values. China traditional concept of happiness contains moral gene nourish the socialist core values, promote Chinese excellent traditional culture is to strengthen the construction of socialist core value system and the effective way to improve the moral quality of citizens.

Key words: excellent traditional culture; civic moral quality; cultural confidence; moral construction; traditional concept of happiness

The Irrational Aspect of Rational Citizens Gao Kerong / 178

Abstract: People often have prejudice against superstition, and think it is the false faith which should be eliminated absolutely. Actually, in the original sense, it is an unwarranted belief. But later it might become into a false faith. It's worth noting that the false faith is just one of the two forms which superstition will be turned into, and that the other one is the trust. The common point between them is that what is accepted by people has not yet been justified, and thus they both are ways in which the irrationality appears. And the difference in terms of political influences is that the former is negative, while the latter is positive. Hence, what I want to argue is that confronted with the irrationality of citizens, the way of appearing as the false faith should be inhibited, whereas the way of appearing as the trust should be promoted, and that the bases which the two ways rely on.

Key words: irrationality; superstition; the false faith; the trust

The Ecological Ethics thought of Marx and the Construction of Ecological Civilization in China Huang Jie / 186

Abstract: The deterioration of human living environment, people are more and more aware of the importance of protecting the common living environment of mankind. In order to overcome the world difficult problem of the ecological crisis and protect the common homeland of mankind, experts and scholars from various countries have sought to solve the problem of Marx's ecological ethics. Marx's ecological ethics thought profound argument dialectical relationship between man and nature, the importance of labor practice, harmonious relationship between man and nature and society is the basic philosophy, has great enlightenment for future generations, especially the need to China. This paper, from the perspective of Marx's ecological ethics, through the detailed research and discussion, to find the Enlightenment of China's green development, to provide the guidance of scientific methodology for China's sustainable development.

Key words: Marx's ecological ethics; China; sustainable development; ecological civilization

Investigation and study

Promoting Cultural Self – confidence in Moral Construction
—Investigation and Reflection on the "4 + 1" Ideological and Moral Construction Project in Laizhou City of Shandong Province

Liu Zhongxing / 197

Abstract: Citizen's moral construction is not only an important measure to promote the socialist cultural power, but also an important grasp to enhance cultural self – confidence. In order to explore the path, method and effect of enhancing cultural self – confidence in the practice of moral construction, the author investigated the "4 + 1" ideological and ethical construction project executed in Laizhou City of Shandong Province, proposed the measures of enhancing cultural self – confidence in the moral construction to promote this issue better in – depth study by inspecting and analyzing the implementation motive, basic practices and main achievements.

Key words: moral construction; cultural self – confidence; "4 + 1" ideological and ethical construction project

On the Reconstruction of "Family Ethics" from the Rising Divorce Rate
—Taking Muping District of Yantai City as an Example *Gao Na* / 206

Abstract: After the 18th CPC National Congress, President Xi Jinping explained his "view of the home" profoundly, presented a significant proposition of "family building". By 2015, China has had 3.841 million pairs of couples divorced, shows an increasing trend of 13 years. Rising divorce rates are not only paying a "trial and error cost" by individuals, will also bring a series of social problems. Therefore, we need to guard against exaggerating in the moral Perspective, but also appeal the whole society to re – examining the family ethics, rediscover the value and meaning of marriage.

Key words: divorce rate; family ethics; reconstruction

Call for Papers / 218

图书在版编目(CIP)数据

伦理与文明. 第5辑 / 贾英健主编. --北京：社会科学文献出版社，2017.5
ISBN 978-7-5201-0410-4

Ⅰ.①伦… Ⅱ.①贾… Ⅲ.①伦理学-学术会议-文集 Ⅳ.①B82-53

中国版本图书馆CIP数据核字（2017）第043324号

伦理与文明（第5辑）

主　　编 / 贾英健

出 版 人 / 谢寿光
项目统筹 / 佟英磊
责任编辑 / 佟英磊　肖世伟　等

出　　版 / 社会科学文献出版社·社会学编辑部　（010）59367159
　　　　　　地址：北京市北三环中路甲29号院华龙大厦　邮编：100029
　　　　　　网址：www.ssap.com.cn
发　　行 / 市场营销中心　（010）59367081　59367018
印　　装 / 北京季蜂印刷有限公司

规　　格 / 开　本：787mm×1092mm　1/16
　　　　　　印　张：14.5　字　数：231千字
版　　次 / 2017年5月第1版　2017年5月第1次印刷
书　　号 / ISBN 978-7-5201-0410-4
定　　价 / 69.00元

本书如有印装质量问题，请与读者服务中心（010-59367028）联系

▲ 版权所有 翻印必究